走れ！ダンボルギーニ!!!

宮城県石巻〝おもしろい復興〟をめざすおだづもっこ〈お調子者〉たち

今野英樹

方丈社

走れ！ダンボルギーニ!! 目次

はじめに 004

CHAPTER 1 2015

1／1
ダンボルギーニ、
つくる。

震災後、思うところがあって、
今野社長、子どものころに憧れた
スーパーカーをダンボールで
作り始めてしまった。
その名を「ダンボルギーニ」。

008

CHAPTER 2 2008

禁断の
ロボットアニメ、
つくる。

今野社長、リーマンショックで
仕事がとだえ、しかたがないから
自分たちだけで、
あの禁断のロボットアニメを
作ってしまう。

054

はじめに

ダンボールのランボールギーニをつくったのは私です

はじめまして。今野英樹です。東北は宮城県、石巻の桃生で今野梱包株式会社という小さな梱包会社を商っているものです。スタッフは14人。石巻市には大きな製紙工場があり、企業城下町として紙関係の業者が多いのが特徴です。言ってしまえば、紙と農業とそして、漁師たちの地域と言えます。地元では、これからの産業に関わって生きていく、それが当たり前の環境の中で育ってきました。

子どものころは田舎のやんちゃな男の子で、みんなでいろいろやっては自分の親だけじゃなくて、近所のおじさんたちにもさんざん怒られました。地元の中学、そして高校へ進学したのです。地元を出たのはその後、といっても仙台ですからね。

家業の梱包業を継ぐために実家に戻って、今は紙のこと、ダンボールのこと勉強しながら、やってきました。

2011年3月11日に起きた東日本大震災から4年。中心となる港から見える地域すべてが津波によって流されてしまった宮城県女川町に、「シーパルピア女川」という復興の街が完成しました。その街の目玉は「美しい海」。海が見える街を作ったんです。10メートルの防潮堤を捨てて、また同じ災害があったらその街が津波に飲まれることも計算し、住宅だけは高台移転を決断しました。「海とともに生きていく」という心意気で作られた復興の街。その開幕式で、復興のシンボルとして、観光の目玉として登場したのが「ダンボルギーニ」でした。イタリアの老舗自動車メーカーのランボルギーニ。実際に公道をその会社の車が走っているところを目にすることは、ほとんどないでしょう。まさにスーパーカー中のスーパーカー。

とくに、私の年齢となると、スーパーカーブームがあって、ランボルギーニ社の車はその中でもシンボルでした。そのランボルギーニをモデルとしたダンボール製の車を作っちゃったのです。それをSNSにアップしたところ、「被災地」ではなく「車が好き」な人たちに広がっていきました。そして、どんどん拡散して、現在の形になりました。

ダンボルギーニのおかげで、過去に作った作品等や仕事内容、そして私たち、今野梱包のちょっと梱包屋らしからぬ技術も知られるところとなってきました。その結果、梱包の仕事と並行してそれ以外の仕事も増えてきたのです。

被災地の小さな梱包屋の試みが、ちょうど震災復興とリンクして、当初の思いからどんどん大きくなって、ダンボルギーニだけじゃなく、私たちの仕事自体が女川の復興の目玉になってきたように感じます。そのひとつが『スターウォーズ』の「AT-ACT」を展示したとき。遠くから女川にやって来て、「すごいすごい」と写真を撮り、笑顔になって帰って行く。その姿を見て、今野梱包らしい「復興のシンボル」になってやろうと考えました。「一致団結した絆を見てください」「こんなにがんばっています」みたいなノリでの復興は、私たちには向いていない。

なので、どうせシンボルになるなら楽しく笑って、なんなら「被災地にあるうちの会社の作品等が、日本中を元気にする」くらいの気概を、肩の力を抜いた形でやりたいと!

被災地の惨状を忘れず、見に来てくれる人の「涙を誘う」のは、他の人に任せます。私たちは「被災地を訪れて、元気になって帰ってもらう」をモットー(そんな力んでないけど)にしているんです。

震災で注目されましたが、ダンボルギーニ以前にもいろんなものを作ってきました。私たちはアート作品を作っているわけではないので、ダンボールを曲げたりはしません。ダンボールの梱包材としての特性を最大限に生かすこと、そして梱包の仕事以外での「紙とダンボールの可能性」を模索することをテーマとした作品作りです。こうして扱っている素材を知ることで、仕事に落とし込んでいく。それが日常の仕事の中に組み込まれていました。だからこそ、震災後のつらいときにも「お金にならない」ものを作ったりできたし、社員も一緒に楽しんで技術を習得し、レベルアップしていけたんです。

ものを包む、守る、という梱包の仕事とつながる作品製品ばかり（のはず）ですが、とにかく驚かせたい、作る側が楽しみたい、と思って「作っちゃった」ものもあります。それを見ていただきたい。ダンボルギーニや『スターウォーズ』のAT-ACT、巨大野球盤……。「おもしろい復興のかたち」次々と世に送り出しています。その全仕事を紹介していきます。

私たちの作品等はすべて本業である仕事のための技術の習得。そのためにおこなっています。そこで、まずは作品をそして、僭越ながら私、今野英樹のことを少しだけ語りたい。少しだけ、お付き合いくださるとありがたい。損はさせません！　一緒に楽しみましょう。

1

1/1
ダンボルギーニ、
つくる。

2015

震災後、
思うところがあったので、
今野社長、
子どものころに憧れた
スーパーカーをダンボールで
作り始めてしまった。
その名を「ダンボルギーニ」。

2011年3月11日に起きた東日本大震災は、
東北三県そして北海道・茨城・千葉の沿岸部に
甚大な津波被害を引き起こした。
その中のひとつ、女川町も5階建てのビルが
横倒しになるほどの津波が押し寄せ、
港から見える住宅街もすべて倒壊するほどの
被害を受けた。
そこに「シーパルピア女川」という
復興の街が完成したのが、2015年12月。
その開幕式で復興のシンボルとして
登場したのが、ランボルギーニを
モデルにした「ダンボルギーニ」である。
作ったのは石巻の梱包会社社長、今野英樹氏。
復興とは関係なく作ったが、SNSで人気を呼び、
「復興のシンボル」となる。

驚

ダンボール

ダンボルギーニ1/1サイズ

制作時期	製作期間	サイズ（H×W×D㎝）	発注者
2014年～ 2015年	約1年間	4480×2030×1136	なし

「子どものころから憧れ続けたスーパーカー。とくにランボルギーニは当時の男子が羨望のまなざしで見ていたものです」（今野氏・以下同）。今野梱包といえばダンボルギーニというほどの代表的作品。初号機が女川のショールームに展示され、2号機は今野梱包倉庫で厳重に管理され、イベントや撮影などで出動している。

KOMATSU
HINO
Damborgini

Damborgini

Damborghini
non automobili
Damborgini

電

ダンボール機器

1	電車運転席1/1

制作時期	製作期間	サイズ（H×W×D㎝）	発注者
2016年～	4ヶ月	406×297×200	堀江車輌電装株式会社

2017年2月26日、埼玉県飯野市で開かれたイベント『見て、乗って、触って、知ろう！ 電車のヒミツ！』で、「子どもが運転席を安全に体験できるようにとの要望で制作」された。凹凸や質感、実際の色などを再現している。運転席は西武鉄道で使われている車両の原寸大。

1

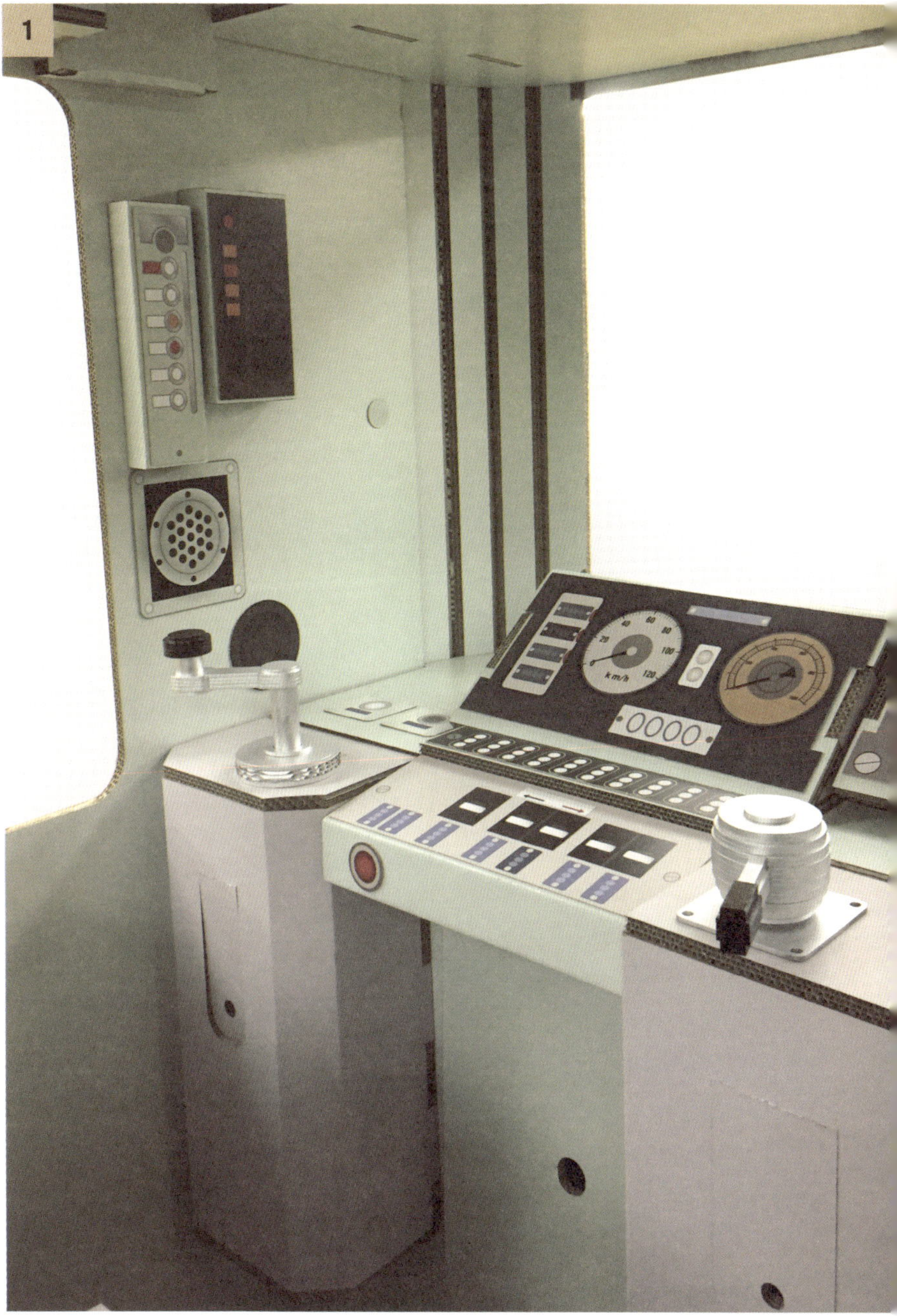

2　電車運転席1/1

制作時期	製作期間	サイズ（H×W×D㎝）	発注者
2016年~	4ヶ月	406×297×200	堀江車輌電装株式会社

当初、1/6サイズで作る予定がイベントまで1ヶ月となったところで、先頭車両のみ1/1サイズで作ることが決定した。

3　新幹線はやぶさ

2016年~	4ヶ月	160×120×1200	堀江車輌電装株式会社

新幹線E5系はやぶさの1/6モデル。東京駅から新函館間を走る。時速320㎞は、日本の鉄道の最速。そのスピード感とカラーリングを再現。

4　新幹線つばさ

2016年~	4ヶ月	160×120×1000	堀江車輌電装株式会社

新幹線E3系つばさ1/6モデル。東京-山形間。「人気の『新幹線変形ロボ シンカリオン』の影響か、子供たちは細部まで詳しいのでごまかしはできないと考えました」。

3

4

工

ダンボール器具

1	レンチなど

制作時期	製作期間	サイズ（H×W×D㎝）	発注者
2014年	1ヶ月	30×5×1　他	なし

ダンボルギーニを女川のショールームに展示すると決定した段階で「せっかくならダンボルギーニを作った工具も段ボール製にしようと考えて作り始めた工具で、ダンボルギーニと一緒に展示しています」。もちろんこのダンボール製の工具で組み立てたわけではないが、細部までこだわりを見せた。販売希望の声も。

1

2

3

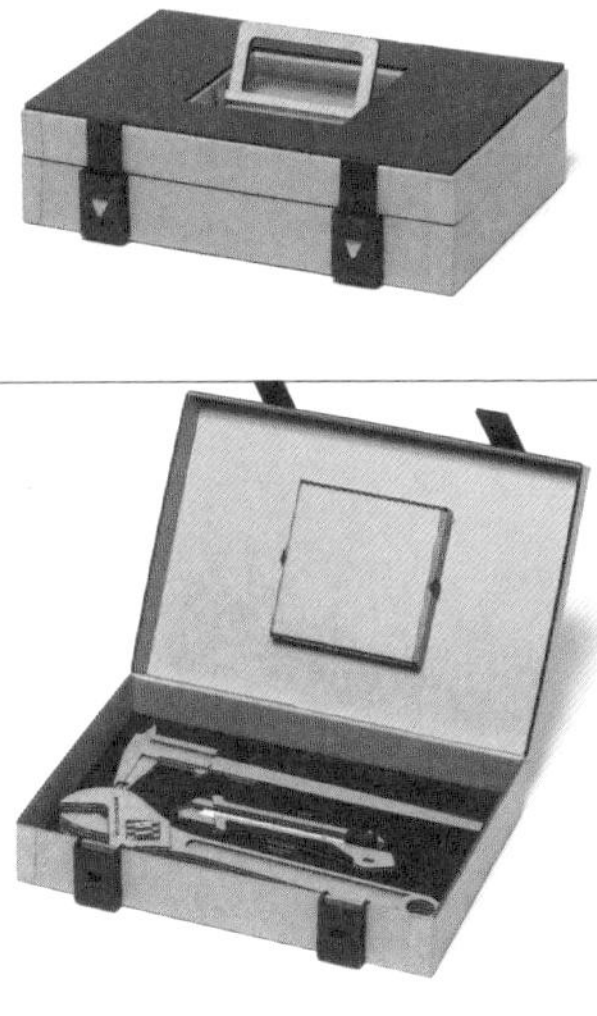

2　ジャッキ

制作時期	製作期間	サイズ（H×W×D㎝）	発注者
2014年	1ヶ月	90×28×10	なし

ダンボルギーニ専用の空想ジャッキ。実際にこれでジャッキアップするわけではないが、隅々も「ホンモノ」を追究した。

3　工具入れ

2014年	1ヶ月	35×17×5	なし

1の工具を収納するための箱。持ち手は指がしっかり入るようにくぼみを作っている。また、ケースのふたは2段仕掛けで簡単に開かないように工夫されている。

4　工具諸々

2014年	1ヶ月	30×5×1	なし

「一度始めたので、細部の細部までほんとうにこれを使って作ったと思ってもらえるように、質感も重要視して作りました」。

4

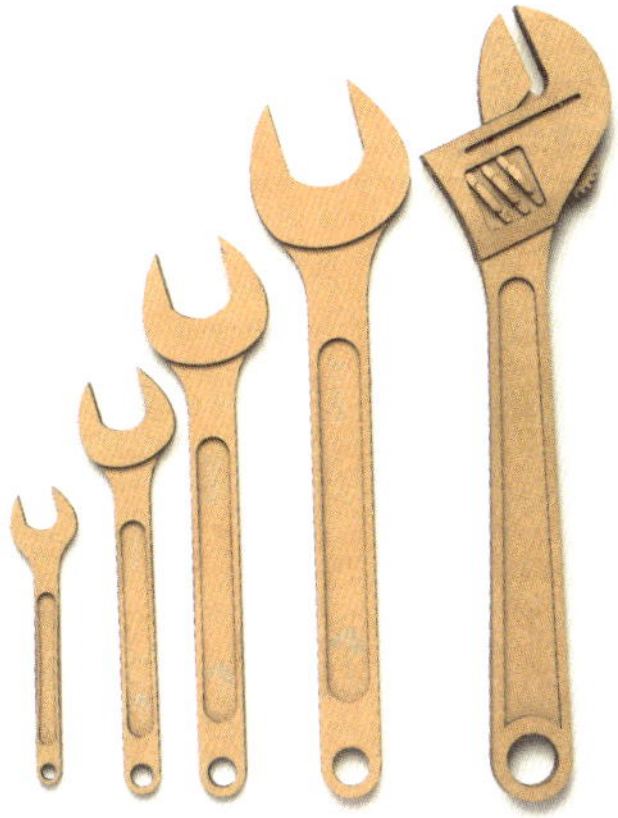

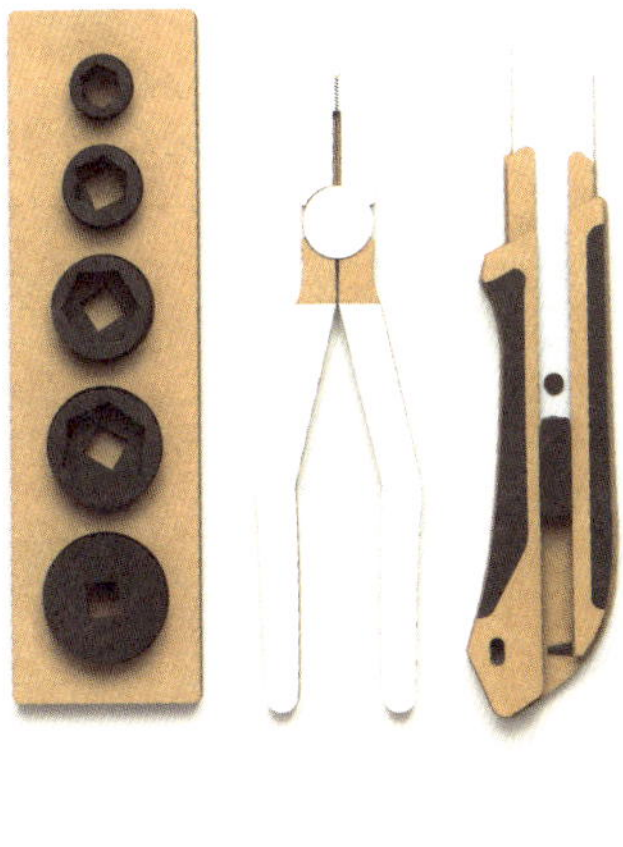

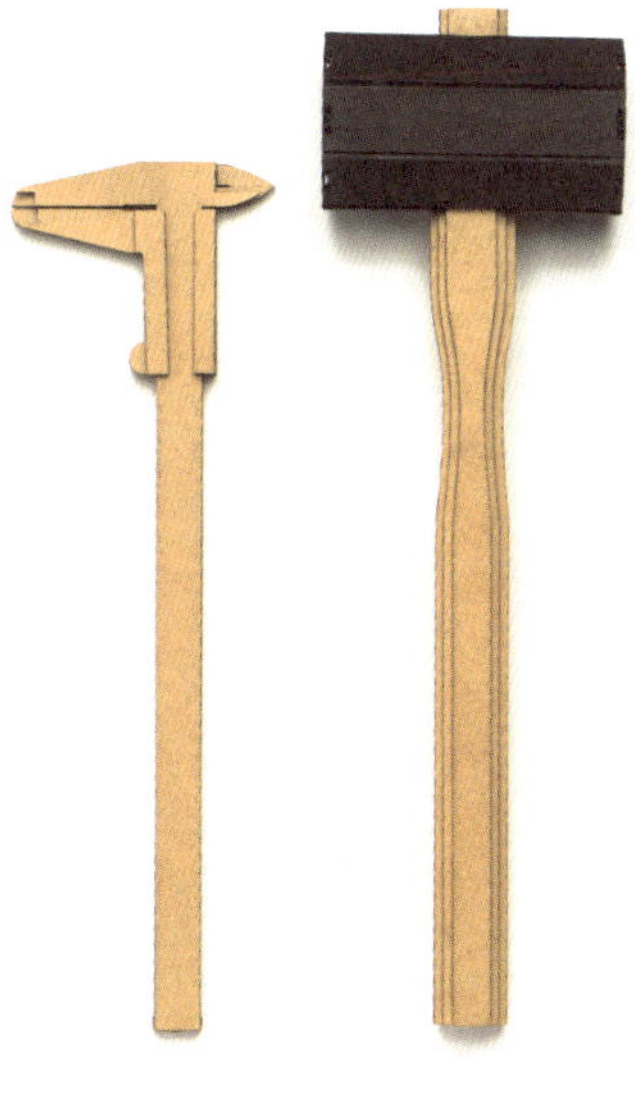

銃

ダンボール遊具

1	AK-47 poi-model

制作時期	製作期間	サイズ（H×W×D㎝）	発注者
2012年	1ヶ月	25×35×215	なし

「地元のイベントに『AK-47（1947年式カラシニコフ自動小銃）』を密造し、カチコミしてきた、といった感じでSNSにポストして注目され、人に集まってもらうために作りました」。1/1モデルで、細部まで再現した。輪ゴムが「実弾」。見た目は危ないが実際は安全な玩具。銃器はすべて「Nancha-TE」。

1

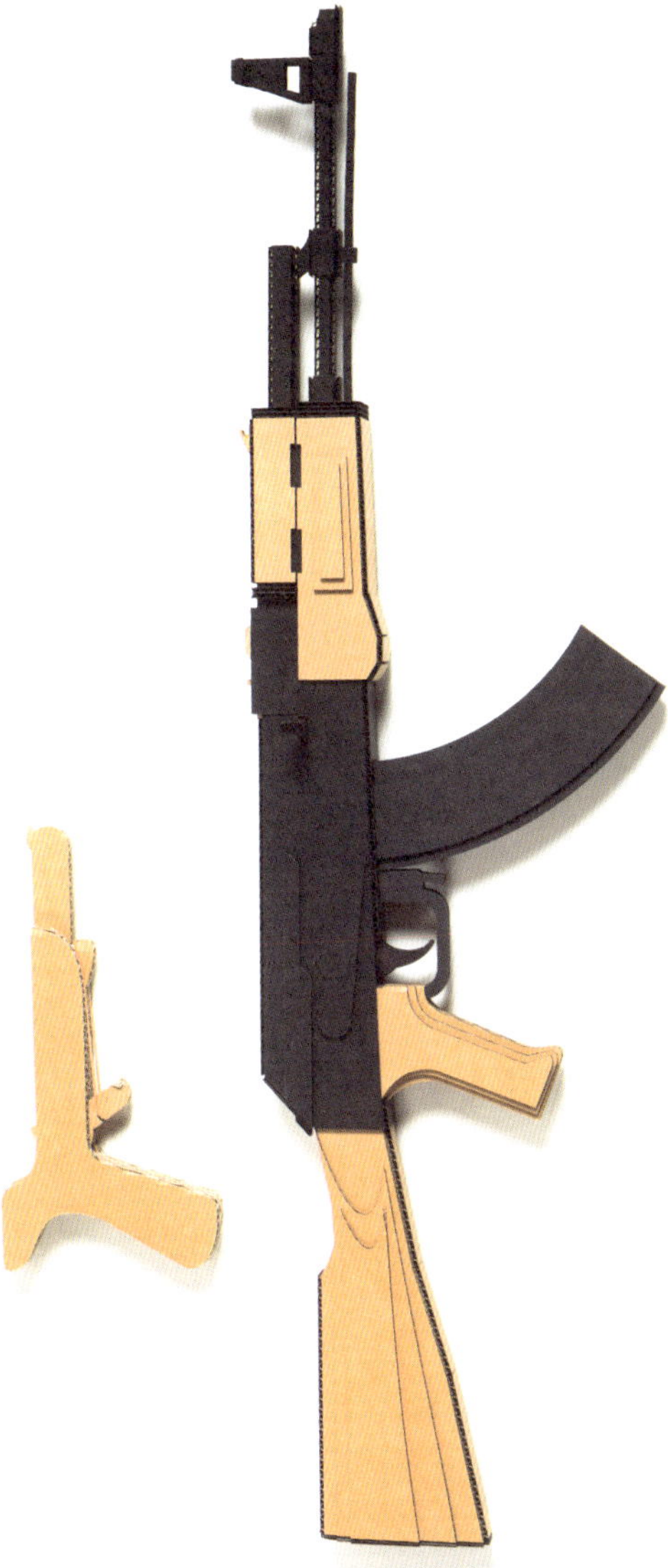

2

3

2	357マグナム　poi-model		
制作時期	製作期間	サイズ（H×W×D㎝）	発注者
2012年~	2ヶ月	26×4×3	なし

輪ゴム鉄砲だが、マグナム型にして「打ち合い」を楽しめるように。

3	M-36　poi-model		
2012年~	2ヶ月	26×4×5	なし

銭形警部やあぶない刑事で有名なコルト社の1/1モデル。

4	AK-47　poi-model		
2012年~	2ヶ月	48×26×7	なし

1947年の旧ソ連軍からある銃。

5	HKG4　poi-model		
2012年~	2ヶ月	48×26×7	なし

ピンクの花柄で平和主義を銃で表現。

4

5

6

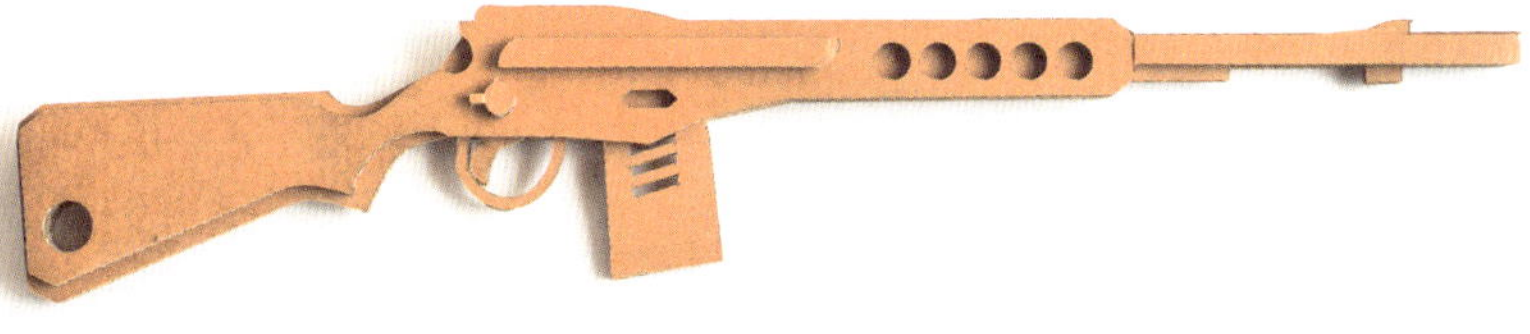

6	VSR10 poi-model		
2012年~	2ヶ月	48 × 26 × 7	なし
射的をやりたいとの要望から生まれた最初のゴム鉄砲。			

刀

ダンボール遊具

ナイフ他

制作時期	製作期間	サイズ（H×W×D㎝）	発注者
2012年～	2ヶ月	23×4×3	なし

ナイフにもさまざまな種類があり、用途によって形が異なっている。「ナイフは機能的で鋭利で、そして芸術的な美しさもあわせて持っている、そこも表現したかった」。ダンボール製であることが重要なので、「らしさ」を残しながらも本物に見えるように作ることがポイント。ナイフなのに殺傷能力が「ほぼゼロ」が最大のウリ。

今野社長、復興のシンボルで作ったわけでは全然ない

ひと月前、できあがったばかりのダンボルギーニの写真を撮って、長男に送ったんですよ。楽しんでいるおやじを見せたかったんですけどね。そしたら、11月7日に「またも父親から無言で送られてきた画像。ついにダンボールで作られたランボルギーニが完成したそうだ、ロゴにもこだわりつつも遊び心を忘れない発想、驚きと笑いが同時にやってくる作品だ…　#ランボルギーニ」とコメントつけて、画像付きでツイッターに投稿したんです。その日のリツイートは100程度でしたが、その後、倍々ゲームで動き始めた結果、1週間でリツイートが1万件以上、いいねが約9000件！

その後、私自身もダンボルギーニについてツイートしたら見事にバズり、加えて石巻日日新聞が同年11月28日の紙面で「すごいぞ！　ダンボルギーニ」として紹介してくれたことで爆発した感じでしたね。この話題が掲載された同紙のフェイスブックでは、1週間で約2000「いいね！」と約400「シェア」され、急速に拡散して、「車好き」たちが「今野梱包が被災地の会社」だとは知らずに「ランボルギーニをダンボールで作り上げた完成度がすごい」ということで広がって

いったみたいです。その後、テレビニュースなどでもたびたび紹介され、私のことを「あのダンボルギーニを作ったダンボルギーニ社長」と呼ぶ人も増えてきました。騒ぎがネットの中だけじゃない、リアル社会にも波及したと感じたのが、このころからです。

そしてついにランボルギーニ・ジャパンから「ダンボルギーニのミニチュア」の発注まで！　当然、それまで本家には「なんの断りも入れていない」状態にもかかわらず、ミニチュア納品の際には麻布ショールームで除幕式までおこなわれ、ネットで動画を配信して、評判は広がっていきました。私個人は「本家から怒られる」と思ったのですが、一連の流れで「シャレのわかる素敵な会社」にイメージが変わりました。

こうして、SNSで火がついた「ダンボルギーニ」というキーワード。「実物が見たい」という空気ができるまでにさほど時間もかからず、翌年の3月には当時の天皇皇后両陛下（現在の上皇后ご夫妻）が復興地域への行幸の際に、シーパルピア女川にお立ち寄りくださり、当初ご予定のなかったはずなのに、当店へのお立ち寄りをご所望くださり、なんと私自身が両陛下をご案内する、などということまでになったのです。正直、「つくるべ」と思い立ったときには、夢にも思わなかったことの連続でした。

ダンボルギーニが女川の「Konpo's Factory」というスペースに常設展示され、復興のシンボルになりましたが、そんなつもりで作ったわけじゃなかったんです。誰に依頼されたわけではなく、震災後、なかなか産業がもとの状態に戻らない。そんなときにふと自分自身を振り返り「ずっと新事業の立ち上げなどに没頭してきたけれど、ここで、子どものころ夢見たようなものを社員たちと楽しんで作ってみるかな」という気持ちから、思い立ったら吉日と始めたプロジェクトだったんですよ。

石巻でいちばん大きくて、わが社にとって最大の取引先だった企業も、震災で甚大な被害を受けました。沿岸部だったので、それはすごかった。一時期は石巻からの撤退が噂されたほどです。いわゆる企業城下町的な状況だったし、石巻全体があの震災からしばらく機能停止になってしまったのは、日本中、いや世界中の人が知っていることでしょう。

あの状況は、けっこう長く続きました。わが社は内陸部にあるので津波の被害は受けなかったけど、地震の被害は甚大で地盤沈下もひどく、家も住める状態ではなくなり、仕事もない。正直、頭を抱えましたが、いつまでもそうしていられません。

そこで、何かできることがないかと。

もちろん、強化ダンボールを使ったパーテーションやベッドなどを避難所に設置しましたが、それも一段落したとき、ふと「うん、時間がある」と思ったのです。簡単に言えば……いろいろ考えて、チャレンジできる時間だなと。

そういえば、同じような心境になったことがありました。2008年のリーマンショック。驚くほど、ぱったりと仕事がなくなりました。それはもう会社の〝存亡の危機〟です。でも、あまりに「ぱったり」だったため、それすら感じなかった。

そのときもやはり思ったことは「ヒマだなあ〜」だったんです。誰にも頼まれていないし、お金にもならないのですが、ロボットアニメに出てきたロボットのキャラクターを作ったりしましたね。それはそれで注目されたんですよ、当時。

プラモデルのダンボール版と思うかもしれませんが、ダンボールは曲面が作れません。でも、せっかく作るなら「どこにも頼まれてはいない」けど、やるなら真剣にやる。きちんと再現する。それをモットーに、試行錯誤を繰り返しました。その技術はのちの生業に役立った経験があります。

当時と環境はまったく別ですが、ある意味で「自分が何かをしてしまったわけでもない」状況において、「自分たちにはどうしようもない」事故、事件が起こった。その影響は「限りなく」ひどい……。言葉で表すと、なんとなく同じでした。もちろん人的被害などは比べようもないし、東北はとんでもないことになってしまったことは言うまでもありませんが。

そうはいっても、実際には今野梱包および被災地を取り巻く環境は甘くはありませんでしたけどね。もともと地方は人口流出は始まってましたが、震災でそれはさらに顕著になったし、水産業をはじめとした産業構造の崩壊は震災から時間がたっても、生活を直撃しました。というか、私たちも当初「震災があったから」という言い訳めいた考えもあったと思うのですが、時間がたつとそうも言っていられない現状が見えてきたというのでしょうか。ある意味、開き直りの気持ちもあって「楽しんで作ってみた」という感じで、そのときは思っていませんが、強がりの側面もあったかもしれません。

震災から丸1年たっても、仕事は以前のようにはなりません。2年たつころになって、なんとなく増えてきました。でも、かなり安く抑えられるようになってしまった。仕事が増えても、利益は震災前よりずっと低いというのが現実でした。すべては「震災があったから」というような言葉ですまされる気がしてたけど、震災を口実に取引の値段を下げるのは、どう考えても納得できませんでした。

確かに、震災前から日本は不景気続きでした。少しよくなってきたところにリーマンショックがあって、またそこから脱しようかというときに、東日本大震災。その後、金融政策のおかげもあって株価も多少持ち直し始めたし、経済指標もよくなり始めましたが、私たちが実感するほどではありませんでした。

政策としても「まずは大企業が生き残って利益を上げることで、関連企業にもその利益が分配される」というもの。それはそうかもしれませんが、実感としては「大企業だけが利益を上げ、地元の関連会社には分配しないまま」という感じでした。

それでも、地方の大企業の利益は、本社のある東京などの大都市の本社には入るわけだから、確かに都市部は景気回復したのかもしれませんが、経済指標で見るような景気回復は、地方へは、この時点では回ってきていませんでした。復興のための工事などはおこなわれていましたが、復興特需、のようなものもなく……。

大企業が利益を上げても、末端の関連会社などには分配されないこの構造は、震災だけが原因ではないと思っていました。それでも、震災の被災地では「震災があったから」とそれが言い訳のように使われがちでした。そんな忸怩たる思いを抱えながら、この時期は過ごしていましたが、もちろん顔や態度には出しません。小さくても社員がいる会社、トップが経営で悩んでいるところを見せてはいけない。それはつねに考えています。

基幹産業の漁業もなかなか元のようには復活できないなか、若者たちは地元から離れていくようになりました。ちょうど、震災関連のニュースもあまり流されなくなり、関心も薄らいできたころと同時進行です。ただ、私としてもいつまでも「東北＝震災」と紐づけて捉えられるのはどうかと思っていたので、それはしかたないとそう思っていました。

今野社長、「地元で夢見てもらえるようなことをしてやる！」と決意する

社員の給料を下げなければならないほど抑えられたコストで大企業からの仕事を続けていくか、それとも他に何か方策はあるのか。そんなことを考える毎日でした。

これだけの惨事のあとだから「給料が多少下がっても仕事がもらえるだけでもありがたい」と思うか、「これだけの惨事のあとだからすごいお金が必要となる。だからもっと給料が払えるようにしていきたい。そのための仕事を探す」と考えるか。

私の中では決めていました。それは後者。ただ、復興もまだ道半ばで、日本全体も景気がいいわけでもない状況です。そうなると、いままでのように「地元」だけでは仕事が成り立ちません。が、かといって全国レベルに広告を出すような費用もない……。

宮城県は東北最大の街、仙台市があります。そのため、宮城県だけをみると仙台に行けば、大手企業の東北支社もあったり繁華街もあり、東京まで新幹線で2時間もかかりません。そんなこともあって、震災前から過疎や人口流出は東北の他の県よりは目立っていませんでした。

しかし、震災によって夢を実現できる環境もない、そして仕事もない、環境も整っていないからか、東京などの都市部へ移り住む人が出てきた。

「東京で果たせる夢があるなら、若い者がそこに行くのは止められない。実現させるためなら、明るく送り出すのがいい」と、思っていたのです。

でも、私の予想は違っていました。ある数人の若い世代と話したときにそれがわかったのです。彼らは、目的があって将来の夢があって町をあとにするわけではなく「都会に行ったら何か夢を見られるかもしれないし、新しい夢を描けるかもしれない。また（自分に影響を与えてくれる）誰かに出会うかもしれない」と。つまり、具体的なことは何もなく、ただただ「都会に行けば何かあるかも」という気持ちだけで、地元を離れて進学や就職をしていたのです。

答えてくれた内容を一面的に捉えると「具体的な意識のない者が都会に行っても、何も実現できないべ」ですが、逆側から考えてみると、違った問題が見えてきました。それは、この地元には「夢を見られない、夢を描けない、インスピレーションを得られるような誰かに会うこともない」って言っているようなもの。ここに気づいたときに、とてつもない衝撃を受けました。

これは「地元にいても何にもない」と言われているようなものです。「俺がいるこの街に何もないだと！」っていう思いが浮かびましたが、実際には「俺がいる」ということを具体的に見せていませんでした。

若い人たちが、そんな思いを持つようになったのはなぜか。

「この地域に生きる、生きてきたオトナである俺らにも責任はあるんじゃないか？」

私たち、この地域に住む大人が子どもたちに希望を見せてこなかった、夢を実現する姿を見せてこなかったのではないか、とそこに思いいたったのです。

「だったらこの地元で、夢見てもらえるようなことしてやる！　夢描いてきたこと見せてやる！地域発信で勝負してやる！　そんな俺らを見てくれ‼」

そんな気持ちが、私の中で大きくなっていきました。

その気持ちがカタチになったのが「ダンボルギーニ」です。

「ここ（地元）にいる（住む）価値や、よさって何？　この地域のおもしろさってなんだ？」

若い世代の都市部への人口流出が、私に考えさせ、具体的な形にする力を与えてくれました。この地域のおもしろさは何か。それは、わが社であり、わが社の技術であり、わが社の社員である。それを打ち出すことが「なんか地元って、おもしろいじゃん」と地元を見直すきっかけになったらいいと思って始めたのです。

今野社長、「お父さんは楽しんで苦しんでいる」姿を子どもに見せる

私自身「おもしろいとは何か」をすごく考えました。この言葉はとても魅力的なのに何かが見えない。おもしろいと言われるものについても、いろいろ考えました。おもしろいと言われる人にも会いに行きました。

そんな中から導き出した俺なりの持論が出たのです。それは、『おもしろい』はふたつの要素のコントラストであると。

それが「インパクト」と「サプライズ」。

「なにそれ！ すごーーい！」です。身に覚えはありませんか？ ただの「インパクト」だと「なにそれ」で終わってしまいます。「サプライズ」だけだと「すごいね」とか「ビックリした」といっ

た瞬発的感情のみになるでしょう。

でもふたつが揃うことで「おもしろい」に転化するのだと、私は確信しました。

そして大事なことは、このふたつが揃ってさらに「人を笑顔にし」「人を幸せにする」ことができると感じたのです。

なぜそこで、ダンボルギーニだったのか。それは、私の幼少期までさかのぼります。1970年代、池沢さとしの漫画『サーキットの狼』などの影響で「スーパーカーブーム」が起こりました。ブームの終盤が私にとってのスーパーカーブームだったと思います。

小学校に入りたてのころ、尾崎豊さんの歌詞ではないけど、100円玉を握りしめて、近くの駄菓子屋に月に一度か二度行っていたあのころ……。決まって買ったのが、スーパーカーのカードや消しゴム、下敷きなどでした。その車種がまさに「ランボルギーニ・カウンタック」だったのです。

私にとって、このスーパーカーだけは別格でした。とくに、その代表的な存在として君臨した、ランボルギーニ・カウンタック。

「かっこいい……」

小学校入りたてのガキにとっては、ただそれだけでしたけど、あの近未来的なデザインはそのガキに十分な破壊力を示していたものだったと思います。あの当時の子どもたちにも一番人気でした。もちろん私の「感覚調べ」ですが。

「うちの地元はおもしろいものを作れる。しかも、な〜んの役にも立たないものを、大の大人が楽しそうに作ってる。そこには何かあるんじゃないか？」

そう思ってもらったら、もうそれだけで成功。そこで生まれたのが、「ダンボルギーニ制作プロジェクト」です。

まずは、大の大人である私が最初に目をつけた若い世代たち。それはわが家の子どもたちでした。そこで私は、仕事を家に持ち込むことに。それまでも家で仕事はしてたけど、とくにこのダンボルギーニ制作プロジェクトに関しては意識して「持ち帰った」のです。

それでも「こんなたいへんな仕事をしているんだ」と苦労を見せるつもりはさらさらありません。そんなことより「こんなに楽しいことやっているんだ」と見せつけるためです。仕事は苦しいのではなく、楽しい。楽しいから苦しむこともあるけど、少なくとも「お父さんは楽しんで苦しんでいる」と思ってもらうことが大事です。

同じものを作ったとしても、そのとき私が家族に恩着せがましい苦労話や勝ち誇ったかのような自慢話などをしていたら、家族の理解を得ることも、家族がおもしろがってくれることもなかったでしょう。そうなっていたら、同じダンボルギーニができあがっても、おそらくこれほど世間には受け入れられなかったと思うのです。

父親や父親と一緒に仕事をしている社員たちが、仕事への「誇り」や「やりがい」をもって働いていることを、子どもたちに感じとってほしかった。こんな仕事をしたい、こんな大人になりたいと思ってほしい。まずは身近な人たちから。そう思っての行動です。

どうやらこの行動は功を奏したらしく、家族全体が私の仕事を「おもしろがって」応援してくれるようになりました。

ただ、製作する号令をかけたのはいいのですが、憧れのランボルギーニの実物を見ることはできませんでした。宮城県を探しても、オーナーがいるのかもわかりません。「ランボルギーニ社に協力を要請する?」。そんなことは露とも頭に浮かびません。

だって、ランボルギーニを作るのではなく、ダンボルギーニを作るのです。エンブレムは闘牛ではなく「乳牛」ですからね。まったく違うんです。という言い訳を心で叫びながら「さて、どうするか？」となっていきました。

おもに参考にしたのはネット上からかき集めた大量の画像と、「娘に」と称して買った小さなラジコンのみです。製作開始は1／16サイズで紙を使用して試作し、その後1／8サイズからはダンボールにして進めていきました。すると、紙からダンボールという段階で、さまざまな改善点が見えてきました。

ダンボールは「紙のように曲げることができない」ということがこの時点ではっきりしたので、「ロボットアニメ」のときに試行錯誤した「曲面は、すべて折った面で表現する」方法を採用しました。ダンボールには紙にはない厚みがあるため、それまでの設計のおおよそのパーツ構成やディテールは参考としながら、基本的に設計図はすべて作り直すことになったのです。

試行錯誤を繰り返し、ダンボール化して1／8サイズの試作を完成させたあとは、即ステップアップし、1／2サイズへ挑戦です。しかし、大きくすることは簡単ではありません。重量が増えるだけでも至難の業です。ただ、1／8モデルを作ったときの試行錯誤が、その後の作業やアイデアに大きく役立ちました。

実際の製作作業をするのは、わが社の誇る社員たちです。日常の仕事の合間を縫って作業を続けてくれました。時間的にも体力的にもかなりキツかったはず。そんな中でもむずかしい課題にぶち当たると、なぜかうれしそうな顔になっていく、楽しみながら苦しむという私と同じ魂を持った素敵な「ヘンタイ」たち。

私の役割は、設計や表現方法の「最終決定」と、経営者として重要なスタッフが安心して作業に従事できる「環境の整備」です。材料や道具の手配、と当然ながら残業する場合の給与手当も保証しました。また、焦らせたりダメ出しになるような内容はいっさい口にすることはありませんでした。どこからか依頼された仕事でもなかったのですけどね。

「自信や誇り、自分たちの成果として実感してほしい」という思いもあり、工夫やアイデアもスタッフからあげられるものを優先して採用していくようにしました。

スタート から1年後、ダンボルギーニ1号機、完成する

プロジェクトスタートから1年後、地元愛、地域への想い、次世代への提言、社員全員の情熱とこだわり、己の夢と憧れ、それらを乗せられるだけ乗せて……11月4日の夜、「ダンボルギーニ1号機」は完成しました。最初は、別に住む息子にいつもの「ほれ、どうだ」という自慢気分で画像だけを送りました。

なんのメッセージも伝えず、画像だけです。それを見た息子がその画像を「またも父親から無言で送られてきた画像。ついに段ボールで作られたランボルギーニが完成したそうだ、ロゴにもこだわりつつも遊び心を忘れない発想、驚きと笑いが同時にやってくる作品だ… #ランボルギーニ」と書いてツイッターに投稿したのです。それが2015年11月7日のことでした。

完成したすぐあとにおこなわれた仙台市内のビジネスマッチングイベントに出展し、「ダンボルギーニ」として、初公開したのです。

1／2サイズとはいえ、全長2メートルをゆうに超すダンボールモデルに、多くのお客様が足を止め、驚き、そしておもしろがってくれました。このサイズでもしっかりした反響で、先が見えました。もちろんそれは1／1モデルです。

この実寸大を作るときに重要だったことは、「ボディカラーをどうするか？」でした。

将来のダンボルギーニのイメージカラーになるカラーだから慎重になります。本物のランボルギーニにはないカラーでなければ意味がない。だって、ダンボルギーニですから。

ただ、私のなかでは最初から色のイメージはできていたのです。

それがあの「ダンボルギーニ・ド・ピンク」と呼ばれるあの色です！

このピンクにしたのには、意味がありました。しかもふたつ。

震災で「ある意味、色を失った街」に「なにかしらのビビットなカラーが欲しいよな……」って、ずっと思っていて、勝手にテーマカラーを決めていた時期があります。私自身「情熱のレッド」と銘打って、薄手のテロテロ素材の赤いスカジャンに、地元市内の会社と共同開発した、あるアプリのマークのバックプリントを入れて着て歩いたりしていました。もちろん、東京のあのおしゃれな街にも行きました。そういえば、ネズミさんが迎えてくれるあの夢の国にも赤ジャンで行ったっけ。

ただ、赤は少し強すぎると考え、翌年から「快活のピンク・元気のいい桃色・Lively Pink」に統一したのです。

そして、この色のもうひとつの意味。それは「ピンクは平和色でもあるピースカラーだから」。誰もが安らぎと愛を感じ、幸せを感じ、やさしい気持ちになるカラーと言われています。震災後の色を失ってしまったところからの復活を願う気持ちを込めたという答えが、この色から伝わってきたのです。その日から私自身、ピンクを身につけることにしています。シャツ、靴下、ネクタイ、もろもろ、どこかに必ずピンクを入れています。

そしてなにより、ダンボールという無機質な部材を、鮮やかな快活のピンクに色づけする、そのためのマシンもなぜかコンポー屋のわが社には備わっていました。

フラットベッド型の超大型UVプリンターです。2・1メートル×3・1メートルまでの素材に、フルカラーのダイレクトプリントが一発で可能！　このマシンの特性がフルに生かされる大仕事になったのは言うまでもありません。こんなプリンター、コンポー屋ではうちくらいしか必要ないでしょう。


これは、内緒話でもあるのですが、「ダンボルギーニで復興」となったとき、知名度のある石巻と女川を前面に出しました。そのほうが地元以外の人にはイメージしやすいだろうと思っていましたから。

でも、自分の生まれ育った地元は「桃生町《ものう》」。いまは石巻市ですが、以前は独立した町でした。そこで、こそっと「桃生町」の桃、だからピンクを推したということを自白いたします。まさに「地元愛」なんです。

これからもバカなことを、いい大人が楽しんで作る所存です

仙台市内での展示会での初公開を経て、12月23日から「シーパルピア女川」の当社のテナント店舗に常設展示となりました。シーパルピア女川とは、東日本大震災の際、津波によって甚大な被害を受けた女川駅周辺に完成した総合商業施設で、まさに震災復興の鍵を握る街です。

プロジェクトを始めたときは、地元にもおもしろい大人がいて、夢を追ったり、実現したりしている人がいる。この地域でも夢を見ることができる！と地元の若い世代に知ってほしくて始めたことでしたが、完成に近づいてくるにしたがって地元だけで終わらない予感はありました。「ダンボルギーニをひと目見よう」と、全国各地からたくさんの観光客が女川に、そして経由地の石巻市に訪れるようになりました。そして震災復興の象徴にもなり、「小さくとも地域貢献もできる」と、そんな確信を持ちました。はからずもいまやそうなってくれたのです。

話題が話題を呼びましたね。ちなみに、ダンボルギーニは売り物ではありませんし、強化ダンボールといっても、紙でできているのですから「おさわり厳禁」です。

そんなところに、なんと平成時代に当時の天皇皇后両陛下がおいでになり、私などが直接対応

させていただくなんて……。ダンボルギーニができた時点でもまったく想像していません。もっといえば、実際にお話ししたのも本当だったのかって思ってしまいます。創業者の祖父が見たら、それこそ、あちらの世界から戻ってくるのでは?

女川の人たちや石巻の住人に「ダンボルギーニのおかげで観光客が来る」と言ってもらえます。でも、私も言いたい。こんな夢のような、ある意味バカなことを、いい大人が楽しんで、おもしろがって作ることを許してくれ、あまつさえ復興の目玉として迎え入れてくれて、本当にありがとうございます。これからも「地元から世界へ!」を実現していきます。

私は、今野梱包には「FIN」がありません。つねに現在進行形。さて、では次のプロジェクトに進みます。

COLUMN 1

仮設住宅で暮らしていたある日、中学生の長女と交わした冗談みたいな約束

ダンボルギーニには、1号機、2号機、3号機がある。1号機は女川の「シーパルピア女川」で常設展示され、2号機はさまざまなシーンへ移動してお披露目されている。では、3号機はどんな働きをしているのか。

実は「ランボルギーニ・アヴェンタドールLP700-4」というエンジンの搭載された実際の車なのである。

「仮設住宅で暮らしていたある日、長女がまだ中学のとき、長女に『おまえが高校入っているあいだに、いつかはスーパーカーで送り迎えしてやるからな〜』なんて約束したんですよ。そしたら高校生活学もあとわずかという12月後半に、『お父さん、あの約束、実現しないようだねー』って言われて。長女のこのひとことが背中を押しましたよ」

とはいえ、相手はスーパーカー。簡単に買えるわけない。そんなとき、ランボルギーニ麻布店で役員の方に「今野さん、試しにローン審査を受けてみませんか?」と。

東日本大震災の後に大きな借金もでき、預貯金も少なく、ローンを組むなど想像外。どうせ無理だろうと思ったからこそ、申し込んでみた。そうすれば「買おうと思ったけど無理だった」というういいわけにもなる。

借金もあるし、頭金もない。それでもなんとローン審査は通過、とはいえ家が買えるぐらいの買い物である。それを家族に相談したところ、なんとOKが出た。

「ただし、長女にだけは内緒にしたんですよ」

そして納車翌日が、長女の卒業式当日。長女はいつものように元気に玄関を開けた。すると、目の前には純白のランボルギーニが。

「その瞬間、長女はその場で歓喜とも驚きともわからない言葉を発し、泣き崩れました。口約束とはいえ、絶対に約束を守ることの大切さを思い知り、一生に残る思い出を一緒に作りたくて、何より自分のこの地域での役割と、それを象徴するバカは突き通したくて。その後、卒業式に一緒に出席すべく、ランボルギーニで卒業式のある長女の高校へ行ったんです」

地元の「夢に向かって歩きつつある世代」と「これから夢を描き、育む世代」にわかりやすいメッセージとして伝えたいという心が、長女を通して伝えられたことだろう。

2

禁断の
ロボットアニメ、
つくる。

2008

今野社長、
リーマンショックで
仕事がとだえ、
しかたがないから
自分たちだけで、
あの禁断のロボットアニメを
作ってしまう。

今野英樹氏の祖父が創立した今野梱包は、
宮城県石巻市桃生町にある。
内陸部に位置し、旧北上川と北上川に挟まれた
肥沃な土地で、のどかな田園地帯である。
今野氏はこの地で「ごく普通の元気な子ども」
として育った。
いたずらをして怒られたり、
運動会でほめられたり、どこにでもいる
ちょっと目立つ男の子だった。
まさに「おだづもっこ」(お調子者)で、
目立つことや、何か驚かせることが大好きだった。
そんなおだずもっこだからこそ、
大人になっても「リーマンショックでヒマ」
になると、ついつい、
あの有名なロボットアニメの
ダンボール模型を、
作ってしまうことになる──。

似

ダンボール器具

1	あのロボットの1/20		
制作時期	製作期間	サイズ（H×W×D㎝）	発注者
2008年~	2ヶ月~	130×70×50	なし

作品ナンバー3の1/6サイズを完成させたのち、メーカーからカラーダンボール（一般ダンボール）の提供を受けて、縮小サイズで制作した。小さくすることで設計の方法も表現手法も見直すことになりクオリティは格段にアップ。現在は展示することもなく、倉庫で管理。今野梱包のメモリアル作品のひとつ。

1

2

2	あのロボットのお面たち		
制作時期	製作期間	サイズ（H×W×D㎝）	発注者
2008年	3ヶ月	45×45×70 他	なし

大人気ロボットアニメのキャラクターに似せたお面。大人の頭が入るようになっている。「この白いほうをかぶって、NHKのBSの番組に出演させてもらったことがあります」。

3	あのロボットの1/6		
2008年	6ヶ月	270×100×80	なし

強化ダンボールや一般ダンボールの加工性や表現手法、素材の可能性の探求と技術の確立のために制作。はじめは関節も可動するように設計。自立できるところも着目点。

3

避

避難所などの活用

1	授乳室		
制作時期	製作期間	サイズ（H×W×D㎝）	発注者
2010年～	1週間～	300×200×200	なし

2019年の「仙台防災未来フォーラム」の企画で東北工業大学の学生主導でデザインした作品。コンセプトデザインから作り込まれたコラボ作品として、多くの反響をいただく。「避難所でも安心して日常のことができることは本当に大切。学生たちのアイデアや着目点には目を見張るモノがありました」

1

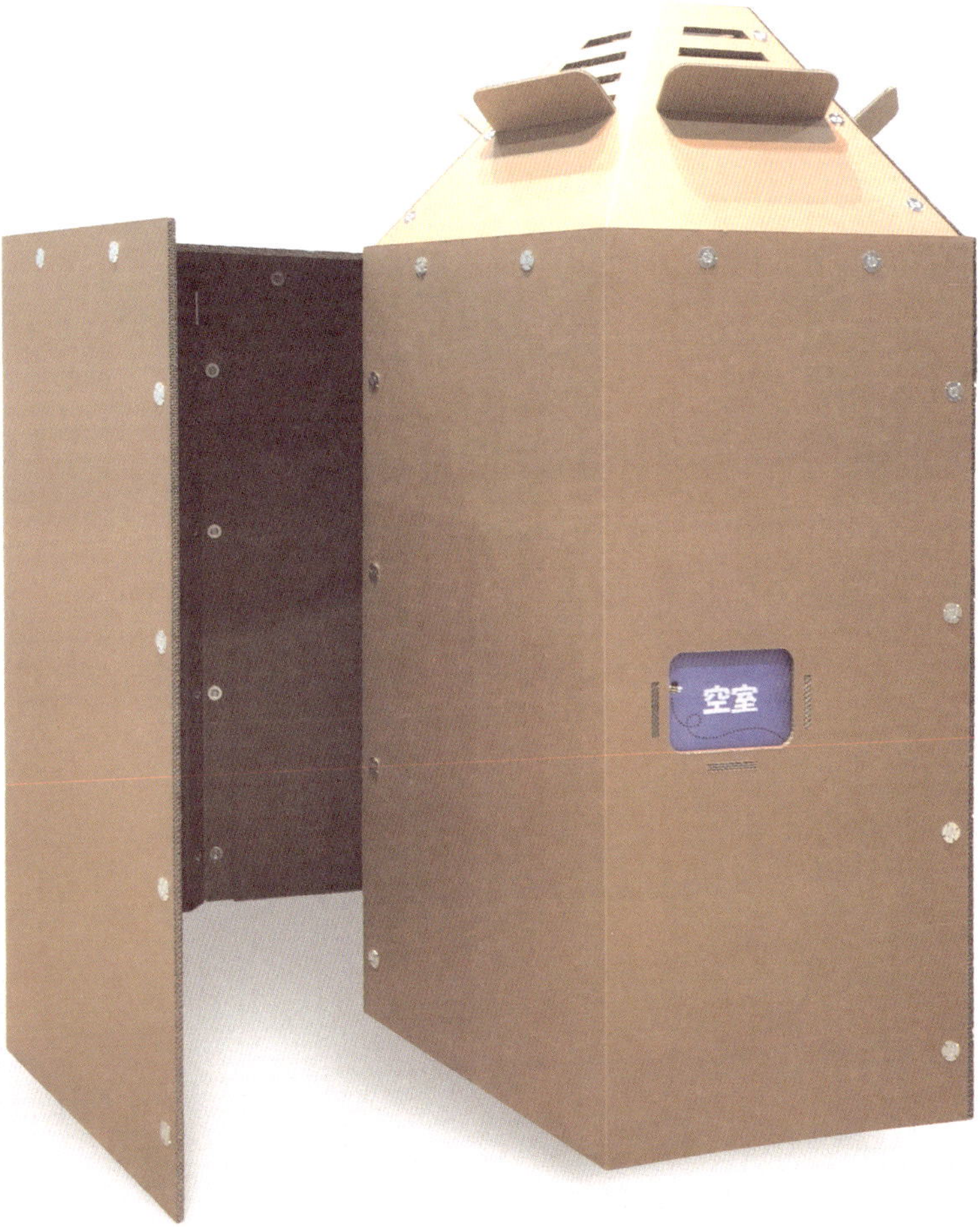

2	臨時教室		
制作時期 2010年~	製作期間 3日	目安：教室１つ分	発注者 なし

東日本大震災後に被災して、授業を再開ができなくなった学校の教室が臨時で多方面につくられた。仕切るだけではなくロッカーも設置。授業再開の手助けとなる。

3	避難所用パーテーション		
2010年~	1日	サイズ（H×W×D㎝） 100×100×100	なし

組み合わせることで、通路を挟んで個室を作ることが可能に。立ち上がると周辺が見えることで、避難者同士の安否確認もでき、座ればプライバシーが確保できる仕様。

4	保健室		
2010年~	2日	200×450×200	なし

避難所や臨時教室などに個室として設置要請。とくに子どもたちの心のケアに役立てられる。このタイプは事務所や更衣室にすることも可能。組み合わせ次第で多様性あり。

3

4

机

ダンボール遊具

1	テーブル

制作時期	製作期間	サイズ（H×W×D㎝）	発注者
2015年～	1ヶ月	70×90×60	なし

強化ダンボール「トライウォール」を利用して作ったテーブル。「彩色もして、段ボールでありながらそう見えないようにした。2015年、グッドデザイン大賞を受賞した製品です」。天板を白くしたことで商品の展示も可能に。横から見るとダンボールだが、上から見るとそれがまったくわからない。

1

2

2 教室の机

制作時期	製作期間	サイズ（H×W×D㎝）	発注者
2016年	3日	70×80×50	なし

東日本大震災後、必要性を考えて設計。いずれつぶすからダンボール製ということだが、子どもが使うため強度などの安全性は確保。大きさや仕様もカスタマイズ可能。

3 特別教室の机

制作時期	製作期間	サイズ（H×W×D㎝）	発注者
2011年	5日	70×90×180	なし

東日本大震災後に仮設校舎で採用。視聴覚室などひとつのテーブルに複数が着席できるよう工夫。学校だけではなく、会議室などでも利用できる。

4 学習机、ちゃぶ台などいろいろ

制作時期	製作期間	サイズ（H×W×D㎝）	発注者
2010年	2日	70×90×60　他	なし

さまざまな形の机を制作。簡易的に使うものから、好きな色にすることによって長く使える学習机としても。軽くて強いので移動に向いている。

3

4

遊

段ボール器具

1	お人形遊びグッズ（キット）		
制作時期	製作期間	サイズ（H × W × D ㎝）	発注者
2015 年~	1日	30 × 30 × 30　他	なし

組み立てキットとして、段ボールを線に沿って切り離して自分で組み立てられ、さらにできあがったもので遊べる。今野梱包オリジナル商品は、子ども向けを多く作っている。そこにはダンボールの可能性があるからだ。「Konpo'sFactory」ブランドにて、女川のショールームなどで販売している。

1

2

3

2	クリスマスツリー(キット)		
制作時期	製作期間	サイズ(H×W×D㎝)	発注者
2010年	1日	30×23×30 他	なし

組み立てキット。子どもでも簡単にできるクリスマスツリーで、飾り付けもでき、またマーカーなどで絵を描くことも可能。

3	雪だるまなど(キット)		
2010年	1日	25×10×10 他	なし

組み立てキット。クリスマスなどの飾り付けなどに。カモシカも雪だるまも白く、絵を描き込むことも可能。

4	電車車輌(キット)		
2017年	1日	4×18×3 他	なし

あるイベントで製作。コストの面や簡易性、自由度なども考慮した設計。実物の車両のデザインをレーザーのケガキ加工で表現。連結も可能。これまでに3,300輌を販売。

4

今野社長、震災前は「プロ」のふりした「シロウト」だった

「おだづもっこ」とは、仙台地方の方言で「お調子者」ということです。「おだづ」という言葉で動詞として使われることもあって、おだづは「ふざける。はしゃぐ」。私はこの言葉が好きで、今野梱包の経営精神の中に「なんとなく」忍ばせています。

よく言われるんですよ。あの「ダンボルギーニを作った男」「震災のシンボル」「ダンボールの魔術師」なんて。なかには「宮城県でいちばん有名な一般人」なんて言ってくれる人もいます。でも、私自身はただの地方の経営者。コンポー屋のオヤジなんですよね、今も昔も。ほんの10年前までは、地方の若手経営者のひとりという立場だったし、震災がなかったら同じことをしていても、若手経営者のひとりから「中年経営者のひとり」に変わっていただけでしょう。

私たちの子どものころは「すごく頭がいい」とか「スポーツで注目されている」など、県内でも突出した子どもは別として、当時のこのあたりの同級生たちと一緒に地元の高校へ進学しました。そのまま地元にいる場合は、水産関係の仕事か石巻市の巨大企業である某製紙工場関連の仕事

かということになったでしょうね。

私は、都会に行きたかった。若いうちは地元を出ていきたいっていうか、それで仙台で１９９０年に就職したのです。あのころの私には、仙台こそがいちばんの都会でした。

そこで選んだ仕事は、家業の梱包業とか関係なく、仙台市内の自動車販売会社です。スーパーカーに憧れたあのときの熱を引きずったままだったのか、車はずっと好きでした。なので、「好きな」業種に就職できたのです。そして営業職として働き始めました。

大好きな車の仕事でやりがいを感じてはいましたが、１９９４年5月、今野梱包の創業者でもあり、尊敬する祖父が他界してしまいました。就職して４年。悩みましたが、同じ年の8月に帰省し、今野梱包に入社しました。最終的には経営者になるためですが、最初は一般入社です。そして地元で結婚し、その後４人の子宝にも恵まれました。本当に、普通のごく一般的な地元の工場経営者のスタイルです。

そのころになると、同業他社とはひと味違う「我流のコンポー屋」をめざすようになっていました。２００５年、32歳のときに現在の今野梱包の基礎となる「強化ダンボール」の加工事業をスタートさせたんですよ。

うちの扱う強化ダンボールは１９５２年、アメリカで開発された「トライウォール」という製品です。特殊加工の耐水性ロングファイバー・ライナーで表面を覆い、内側には最強の構造体といわれるＡＡＡ構造を採用しているため、その強度が実現されているんです。従来の産業用重量物の梱包材に用いられてきた木材・鉄・プラスチック等に代わる梱包材として、世界中で幅広く活用されていると聞いて興味をもちました。

宮城県石巻界隈には「紙」を扱う企業が多いんです。それは、ずばり日本製紙の巨大工場の存在。その環境のなかで、「自分たちだけの技術」「魅力」を模索し始めたのです。ちょうどそのころ、小泉政権による「郵政解散後の総選挙」「小泉構造改革（聖域なき構造改革）」の影響もあり、日経平均は大幅上昇。日本経済に明るさが見えた気もしたんです。

強化ダンボールは、まだまだ扱う企業が少なかったので、それなら自分たちが最初にやりたいと思ったのです。もちろん最初といっても「この地域で」ということですが、それでも将来を考えたら、早いに越したことはありません。ちょうど日経平均株価も上がり始めたので、景気もよくなるような期待もありましたし……。

ところが、新事業を立ち上げて大きな投資をしてスタートさせたはいいが、仕事はゼロでした。

なぜなら、新事業を立ち上げた張本人で、担当責任者でもあり、営業も担当している私自身が、主要素材でもあるダンボールの知識に関して「シロウト・レベル」という状態だったのです、実は。スタッフに聞いたり、自分で勉強したり、日々暗中模索で、営業やPR、そして知識と技術習得の毎日でした。

その後、時間はかかりましたが、私自身にとっては「急激」に知識と技術レベルを上げ、おかげさまで徐々に仕事をさせていただけるようになったと思っています。が、実際のところは「あまりにも一生懸命で、それでも少しずつはわかってきているようだし、社員たちは技術も高いし」と、私以外の部分が認められたのが本当だとは思いますか。

こうして、仕事を依頼してくれる取引先が少しずつ増え、仕事をしながらさらに知識と技術を取得し、レベルを上げていくことで、「プロ」のふりをしていた「シロウト」から、「セミプロ」「プロ」へと成長できました。

新事業を立ち上げてちょうど1年たち、新事業が軌道に乗る前に、今度は高額な図面の設計などをおこなう「CADシステム」と、ダンボールなどの厚い部材を曲線直線など自由に切り分けられる「カッティングマシン」を導入しました。

「新事業が軌道に乗ってから」「もう少し利益が出てから」という声もありました。それはそうですよね、でも、そこまで待っていたらせっかくの新事業で得られた技術やチャンスを逃すと思ったのです。

その機材の導入に関して、メインバンクの担当者や担当税理士に相談したけど、当初は軒並み反対されました。でも、それは想定内でした。だから反対意見に対する対応策、説得の言葉は準備できていました。あとは熱意を持って「これがないと、できないことのほうが多い!」「この設備の導入によって、いま、誰もやっていない分野にも即座に参入できる!」と、くどいほどに伝えました。熱意が通ったというより、「無理も通れば道理になる」だったのかもしれないし、私の圧力に先方が推されたのかもしれません。でもその結果、念願の設備投資がかなったのです。

とはいえ、これだけ語ったにもかかわらず、実はデザインもCADの知識も技術も、その時点ではほぼ皆無だったんですけどね。これは、いまだから言えることですが。

阪神大震災から「避難所生活を改善する」製品づくりを学ぶ

私、今野英樹に関して言えば、ダンボルギーニを作ったようにダンボールを「梱包部材以外」で使ったイメージが大きく、そして定着していると思います。「東日本大震災後に復興活動のための目玉商品としてアイデアを具現化した」と考えられているかもしれません。ただ、それは正しくもあり、間違いでもあるという認識です。

もともと、頭の中では「あんなことやりたい」「こんなことができたら、みんな驚くだろうな」って考えていました。アイデアはありましたが、ダンボールその他の知識が伴わなかったので、それを形にする方法を知らなかっただけだし、また、現実の仕事やそのための技術や知識習得に時間を使っていた感じですね。「何がしたいか」ではなく「何ができるか」ですね。

ただ、1999年に発生した阪神淡路大震災は、衝撃的に心に残りました。まだ今野梱包に入社したばかりのころです。宮城県は直近では1978年に起こった宮城県沖地震など、地震とは切っても切り離せない場所だったから、あのとき、その惨状を映し出すテレビ画面から目が離せませんでした。

阪神淡路大震災のとき、広い体育館が避難所となり、避難した人たちが床にそのまま座り込んだり、横になって茫然自失となっている姿が目に入りました。1月の関西で、体育館です。しかも地べたに近い床に、ござを敷いただけで座り込んだり、寝込んだりしている。どう考えても、痛いくらいに寒いでしょう。もちろん硬い床ですから、物理的にも痛かったはず。

最初はなんというひどいことが起こってしまったのかと、頭も動きませんでしたが、時間がたつにしたがって、この避難所の状況をなんとか少しでも改善できないかといった思考が生まれてきました。ただただ寒さと雨をしのぐだけの場所で「あのままでいいわけがない」という気持ちが、体じゅうに広がったのを覚えています。自分の体が凍りつくように寒くなりました。

まず思いついたのが、自宅を失った人たちを少しでも寒さから守るための、ダンボールによる床材です。ダンボールは空気を中に取り込むので暖かい素材です。そして意外と硬いし、柔らかい。そこでダンボールを下に敷くだけでも、かなり環境は改善されるのではないかって考えたのです。

それに日本人の家屋って、玄関があって靴を脱いで「あがる」じゃないですか。このあがるっていうのが、とても安心するんですよね。居室まではつくれないけど、体育館の中でも自分たちのいる場所は一段高いほうがいい。そのためにも、ダンボールを重ねて床を作るのは簡単で、すぐにできる環境改善だと考えました。

加えて、プライバシーに目が行きました。家をなくしていたり、危険が多くて帰れない状況です。発生当初は恐怖心もあり、見知った顔が近くにあったほうが安心感は大きかったかもしれません。でも、避難生活が長くなると「みんなが見える」「みんなから見られる」生活は苦痛になってきます。

着替えも気を遣いますよね。

「避難所で、少しでも心が休める方法はないか」

「少しでも安心できる環境は作れないものか」

この件に関しても、完全に密閉できなくても、目隠しを作るだけでも違うはず。それには、やっぱりダンボールで簡単に衝立、パーテーションを作れば、それだけでも違うはずなのにって思ったのです。もともと障子や襖は紙や板でできているし、ダンボールだって同じパルプです。阪神淡路大震災のころは、まだまだトライウォールも扱ってなかったのですが、構想だけはこのときに固まりました。当時のことを誰かに話したかは覚えていませんが、かなり具体的に、あれもできるこれも可能だと考えていたことをはっきり覚えています。

その後、中越地震、中越沖地震と立て続いて大きな地震が来て、そのときはトライウォールを扱う予定になっていて、早くしてほしいと思いました。それは宮城県には常に地震が起こるということが頭にあったからです。早くしないと、東北だっていつ大きな災害があるかわからないと。

阪神淡路大震災の発生からずいぶん時間がたってから知ったことですが、被災地ではご遺体が布などにくるまれた状態で、棺桶にも入れられずに保管されている時間が多かったと聞いたんです。

もともと棺桶を大量に保有しているところはなかったこと、震災の影響で道路は分断され、運ぶこともむずかしかったこと。さらに木でできた棺桶だと場所も取るし、重たい、加えて混乱する避難所では置いていくことすらできなかったわけです。

そのニュースで「たたんで収納できれば、搬入も保有も場所をとらないのに」という思いが頭に浮かびました。強化ダンボールならそれが実現できます。移動も軽くて可能です。紙だから火葬場でも問題なく対応できます。

そこで、棺桶も設計し作り上げました。ただ、さすがに「棺桶作りました！」と大々的に宣伝はできませんでしたが、行政に少しずつ周知させていくことで行動も始めたのです。

まさか、その映像をテレビ画面から見たそのときからたった16年後に、東北を未曾有の災害が襲うとは思ってはいませんでしたが。

今野社長、東日本大震災でダンボールの必要性を知る

東日本大震災では、今野梱包も被災しました。竣工したばかりの倉庫は大きく地盤沈下し、ダンボール類も倒れる、折れるなど甚大な被害を受けました。ただ今野梱包は内陸地にあったため津

波の被害にあうことだけは避けられ、火事も起こらなかった。そのためダンボールは残りました。とはいえ、発表されている最大震度を記録した宮城県栗原市にはほど近く、けっして「軽い被害」だったわけではないんですけどね。

社員の中には自宅が津波被害にあった人もいたし、自宅も瓦が落ちたり、家の中は家具が倒れるなど、大きな被害を受けました。度重なる余震により、自宅にいることはできず、避難所や仮設住宅での生活も体験しました。

社員も私の家族も、地震被害のため避難所にいました。自宅には入れないのですぐには動けなかったのです。避難所は学校の体育館とは限らず、公民館とかコミュニティーセンターなどもありました。

中には畳の敷かれた部屋で避難できる人もいたのです。ただ、そういう「条件のいい場所」は自ずと「高齢者」と「子ども」に明け渡す感じになっていました。床にお尻をつくと、それだけでじんわりと寒さが体に伝わってきます。3月といえども雪が降るほど寒い時期でした。

自分が避難所にいて、そんな環境なのに最初は身体も頭も動きません。それに会社自体も被害を受けているので、それを確認しないといけない。

ただ、ちょっと時間がたって、頭が回り始めたころ、おかげさまで水や火による被害がなかったので、ダンボールはたくさん倉庫にあったわけです。これは使わないわけにはいかない。社員たちと手分けして、いろいろな機材が倒れたり壊れたりしている倉庫を整理して、ダンボールを運び出し、行政に掛け合って、避難所に床材やパーテーションとしてダンボールを少しずつ入れ始めました。もちろん、費用なんていただいていません。

その後、トライウォール社にも協力要請。のちに2000人分のそれが市内各地に提供されました。

自分自身が震災を経験して、もっともっと必要なものも見えてきました。しかも、それはダンボールで作れるし、最適なツールであるとの確信です。

避難所生活も終わってから、ダンボールを使った簡易ベッドや棚などさまざまな家具などを作りました。避難所への設置だけではなく、仮設の学校ができると、机や椅子、ロッカーなどまでダンボールで作って、どんどん設置しました。釘もいらないし、裁断も木などから一から作るよりは、うちにあった在庫から作るほうが早かったんですね。

それに、仮設はいずれ取り壊されます。ダンボールであればそのときの処理も、木やプラスチックなどを利用したときよりもラクなのです。

もちろん強化ダンボールを使うから、強度は驚くほど高いんです。私たち今野梱包が参加する防災イベントなどでは、強化ダンボールで作られた棺桶を展示することもあるんですが、ただの展示だけではなく、棺桶に入る体験もしてもらってます。そしてスタッフが棺桶が持ち上げると……。

中に入ってみるとわかりますが、壊れるといった不安はまったくないはずです。最初は誰も「ダンボールなんだから、絶対にひしゃげて壊れる!」と不安になって棺桶の中で叫ぶ人もいますが、すぐに笑い出します。そのくらい強化ダンボールは板と同じ、物によってはそれ以上に硬く、かつ軽いのです。


阪神淡路大震災の惨状を見て、ダンボールでできることを考えたときに、まさか自分の生まれ育った場所で使うことになるとは思っていませんでした。でも、あそこで作ろうと思っていなかったら、東日本大震災には間に合わなかった。いまでは多くの行政が、避難所にダンボールの床材とパーテーションを準備してくれています。とはいえ、全国的に考えれば、まだまだ万全というにはほど遠いのが現実ですが。

これも、「なんかできないかなあ」とつねに考えていたことが功を奏したわけです。ただ、私のアイデア力だけでは「何をバカなこと考えて」とか「夢みたいなことばっかり」とか、中には「絵空事」と言う人もいたかもしれません。

そこは、私のアイデアをしっかり製品化できる技術力と実行力のある社員のおかげです。本当に、私個人の力ではないんです。

今野社長、リーマンショックでヒマになり、アニメのロボットキャラクターを作ってしまう

時間を少し戻しますが、着実に設備投資をし、他のコンポー屋との差別化を図っている最中の2008年、リーマンショックが起こりました。

アメリカの金融機関が、中低所得者向けにおこなっていたサブプライム・ローンの返済滞りにより、米国第4位の投資銀行であったリーマン・ブラザーズが経営破綻したのです。これが国際的な金融危機の引き金となり、世界的な株価暴落を起こし、「リーマンショック」と呼ばれました。

災害って、人災もあるんですよね。まさか海の向こうの事件が、わが身に関わりがあるとは思いませんでした。1960年にチリで起こった大地震が、太平洋を渡って三陸に大きな津波を起こしたこともありましたから、そんな感じだったのかもしれません。

阪神淡路大震災の発生で、一時期、日本全体の景気が停滞しました。その後は復興需要が起こりました。私個人はダンボールの必要性を実感した出来事です。

なにかとんでもない事態になっても、混乱がすんだときにいち早く周辺を見回して、やるべきことをやる、ときにはじっと待つ、それをしていれば復活できることは経験していたので、とりあえず、どっしり構えることはできました。

お伝えしたとおり、リーマンショックではあのロボットアニメのキャラクターを作ったことで、技術が積み増されたのです。結果、東日本大震災という自分自身が被災した災害のあとのダンボルギーニ誕生につながる技術が蓄積されていたことになります。こうして、いま、多くの人に私たちの会社が知られるようになったのは、ずっとつながってきた技術の研鑽の結果だったのです。

もしもいま、本当に、私や今野梱包が東北の復興のシンボルとなることができているのなら、それは震災があったからではなく、私のある意味思いつきにも近い商品の開発、それに伴う知識の収集や技術の習得、そしてアイデアを実現する能力、すべてをともにおこなってくれる仲間が日ごろからいたからであり、プライドを持って仕事をしてきてくれたからです。

私が「うちのやつらは、きびしい状況になればなるほど喜ぶヘンタイだなあ」って社内で話すと、スタッフや社員からいっせいに「社長！　あなた、今野英樹氏こそが、キングオブヘンタイでしょう。社長に言われたくないです」って心の中で、笑っていることでしょう。

そんなヘンタイたちをもっと集めて仕事をすることが、私の役割、使命なんです！

うちの社長ってほんとは……
アイデア能力が高く、行動力があり、実行力もピカイチ。
しかも、実現させちゃう実力もあるのに、飄々としてて、
ちょっとかっこいいと思いませんか？
キラッ☆
――でもね、騙されてはいけません。
復興のシンボル、的なイメージが先行していますけど、うちの社長…
実は〇〇なんです!!!
実録、うちの社長のほんとの姿は
これだ!!!
ケース①
どーん
本人おだづもっこ(※)を自称しているけど…
※おだづもっこ＝お調子者
意外と細かいんだよね、たとえばイベントでの展示や物販の陳列の仕方とか…。
メールなんかもLINEかってくらい細かく頻繁に送ってくるんだよな。
豪放磊落を気取ってるけどね…。
わくわく
こいづやってみっぺ!!
新規
案件
でもまぁ…それでも社長本人が楽しんで仕事してくれるし
やっぱおだづもっこじゃん!!!

ケース②
ちょっと、子供たちの遊具を考えたんですけど、
ぱぁぁぁ…
設計図を作ってコストを計算しますから、精査おねがいで…
コストはあとでいいから、とりあえず作ってみて。それからだな。
3日後α版が完成
ボソ
こんな感じで、あとは安全性など細かいところを………
ボソ…
ひょこー
PC
んでいくらくらいかかりそう？
え？コスト？採用されたの？どっち？大事なことを最初に言ってくれぇ～!!!!
ギリィ…
ケース③
いや～うちのスタッフはヘンタイな奴らばっかりでぇ～。
ハハ…
お客様
ひそ…
ひそ
また、うちの社員はヘンタイばかりって言ってる。
ああやって、社員をネタに面白がってるよね。
ひそ
話盛ってるし。
たしかに、他では採用されないような企画がこの会社では実現出来るから、素敵な会社だけどね。
でもさぁ、そんな僕たちがヘンタイって言うならさぁ～…
社長がヘンタイオブヘンタイだよねぇ～～～。
ケース④
僕はこの会社で3社目です。
僕はなかなか長続き出来る会社がなかったのですが、今野梱包は楽しくて仕方ありません。
仕事は楽しいです。つらい部分も多いけどやりがいがあります。
梱包屋に就職したはずなのですが、単独の仕事が多くてなんかたのしい。
梱包屋に就職したのに、なぜかマンガ描いています。
……うちって何している会社でしたっけ？
世界中でただ1つしかない今野梱包だわ。
だから何なのかーッて。
でもそんな社長が大好きです!!!

3

『スターウォーズ』AT-ACT、つくる。

2016

ダンボルギーニの評判で
あるメーカーから依頼が！
『スターウォーズ』シリーズの
「ＡＴ‐ＡＣＴ」を作ることに。

いまや「梱包業を営む今野英樹氏」と
いうよりも、
「ダンボルギーニをはじめとした
キャラクターをダンボールで作り、
世に送り出した男」であり、
「女川町の、東北の復興のシンボル」
というイメージとなっている。
しかし今野氏は、「ただの復興」を
めざしているわけではない。
むしろ若い世代の流出に対して、
「何かできないか」と考えている。
地元をおもしろくする。全力でバカをやる。
その姿を見てもらって、
若者たちが戻ってくれれば、
こんなうれしいことはない。
そんななか、「ダンボルギーニを作った
会社だからこそ」という理由で、
ある日、あるメーカーから
連絡が入ることになる——。

宙

ダンボール

AT-ATC1/7

制作時期	製作期間	サイズ（H×W×D㎝）	発注者
2016年	8ヶ月〜	500×210×520	某メーカー

「ローグ・ワン　スター・ウォーズ・ストーリー」の日本公開を記念したイベントに向け作成。実物の1/7のスケールで再現した。日本テレビと女川で展示した後に解体。「ダンボルギーニの技術を最大限利用し、大型でも倒れない安定性を実現しました」。あえて足元はダンボールの質感を出すことで、存在感をアピール。イベントHPには社名も掲載されている。

棚

ダンボール器具

1	簡易ロッカー		
制作時期	製作期間	サイズ（H×W×D㎝）	発注者
2010年	1日	110×70×20	なし

避難所では下駄箱でも小物置きにするなど、ちょっとしたロッカーは用途が多彩。安定性は確保しているので、ある程度重量のあるものも収納できる。「天板や仕切り板が簡単に折れないのが、トライウォールの強さ。存分に活躍しています」。限られた空間では荷物の置き方が大切になる。ロッカーで上の空間が使えるのはありがたい。

1

2

3

2	多機能ウォール		
制作時期 2011年	製作期間 10日	目安：花屋の奥行き	発注者 地元の花屋

さまざまな棚のパーツを組み合わせることによって、ダンボールの多機能ウォールを作ることができる。彩色することで、より常設の壁面に近づけることも可能。

3	引き出し付棚		
2010年	3日	サイズ（H×W×D㎝） 115×35×175	仙台市

棚と引き出しを組み合わせることによって、小物をしまう場所も確保できる。

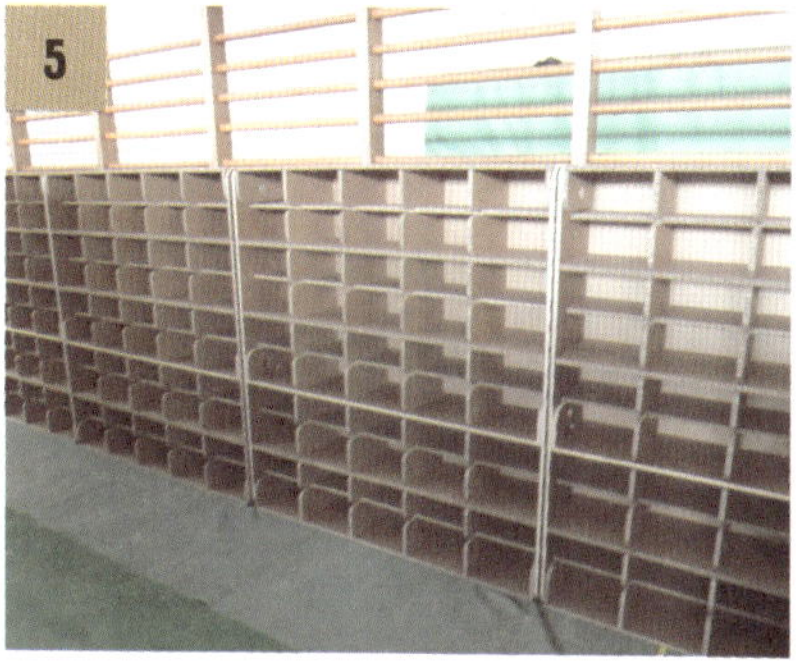

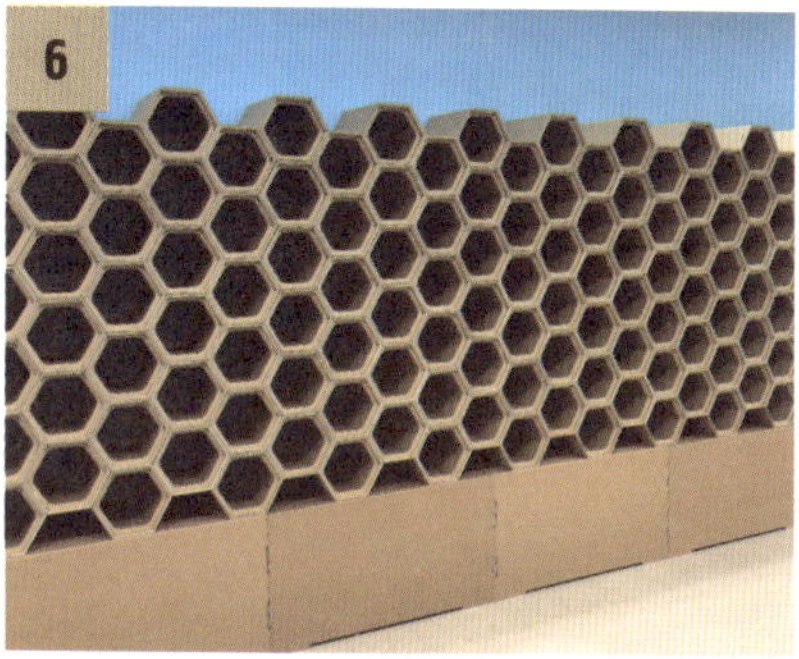

4	教室後部のロッカー		
2010年	3日	115 × 35 × 175（基本モデル）	石巻市
ランドセルや体操服などの収納、掃除道具なども。教室での設置例。			

5	多目的棚（シューズロッカー）		
2010年	3日	115 × 35 × 175（連結）	仙台市
教室、体育館、会議室など壁面を収納として利用することが可能に。			

6	蜂の巣型（ハチノスボックス）		
2019年	3ヶ月～	40 × 80 × 20	都内企業
国立科学博物館大型イベントのミュージアムショップ商品展示用として開発。			

座

ダンボール器具

椅子

制作時期	製作期間	サイズ（H × W × D ㎝）	発注者
2012年	10日	80 × 50 × 50	なし

ダンボールを組み合わせることによって、安定した椅子を再現。「座面をダンボール面にすると、つぶれる可能性が高くなりますし、曲線は作れません。そこで断面部分を重ねることで曲面を作って、座り心地とさらなる強度を実現しました」。ひと回り小さいサイズの同型のイスも。見た目よりも軽くて強い。

地

防災ジオラマ

1	ダンボールジオラマ　富士山		
制作時期	製作期間	サイズ（H×W×D ㎝）	発注者
2019年~	10日	120×120×30	防災ジオラマ推進ネットワーク

自然災害から身を守るための啓蒙活動の一環として「自分たちの住む街の地形」を知るために、ダンボールの厚さを等高線に見立てて立体のジオラマパーツを制作。「ワークショップなどで自分たちの手で街を作ることで、より理解度が増すよう工夫しています」。防災のためのものだが、富士山の美しさも同時にわかるジオラマとなった。

1

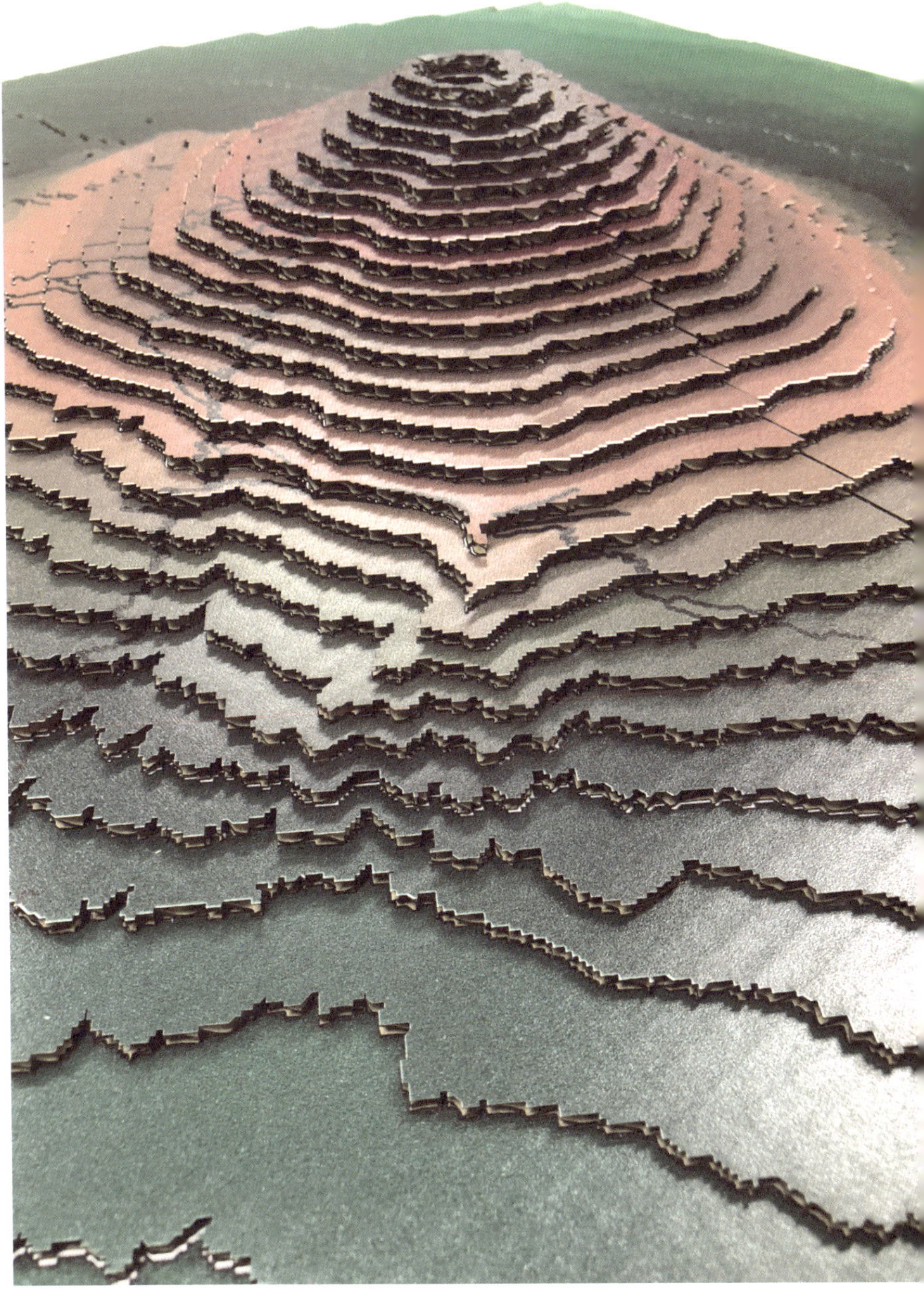

2	ダンボールジオラマ　阿蘇山		
制作時期	製作期間	サイズ（H×W×D㎝）	発注者
2019年	10日	120×120×30	防災ジオラマ推進ネットワーク

阿蘇山周辺の町のジオラマ。どこに誰が住んでいるか、マッピングをすることも可能。

3	ダンボールジオラマ　那須岳		
2019年	10日	120×120×30	防災ジオラマ推進ネットワーク

那須岳のジオラマ。高低差など、地形がよりわかりやすくなる。断面を見るとダンボールがよくわかる。

4	ダンボールジオラマ　ツバル		
2019年	10日	120×120×30	防災ジオラマ推進ネットワーク

地球温暖化による海面上昇で水没すると言われているツバル諸島。こうしてみると、危うさも実感できる。現在、国連の企画で教材として採用。

3

4

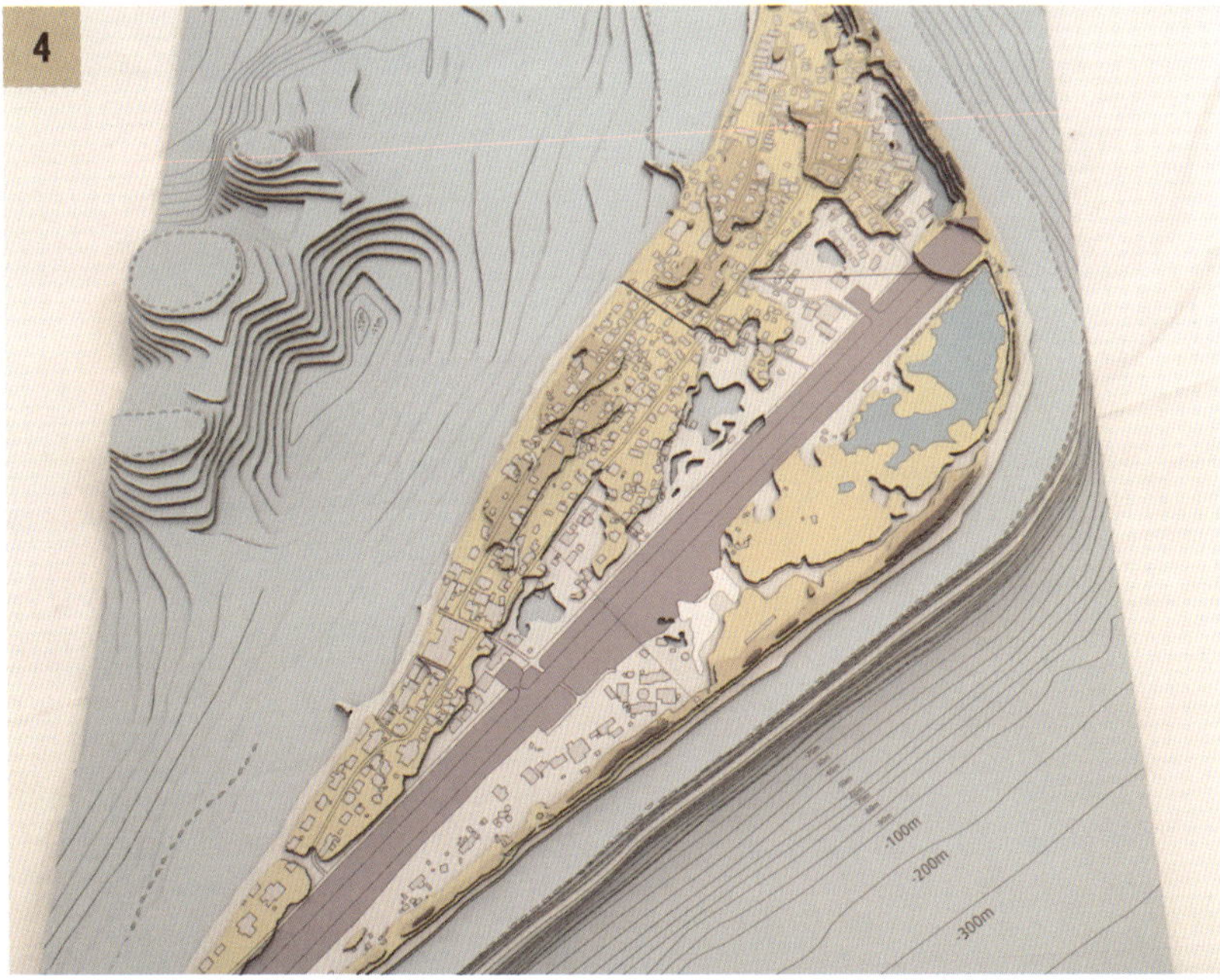

生

ダンボール遊具

1	ダイオウグソクムシ		
制作時期	製作期間	サイズ（H×W×D ㎝）	発注者
2017年	10日	100×30×20	なし

大人気のダイオウグソクムシ。ホンモノと思えるほど細かく再現。「うちのスタッフはこの手の造形が大好き。提案されたときには、もう少しキャラクターっぽくかわいい形を想像していましたが、あまりにも精巧なものができていて。でもそれが人気となっています」。店内にて展示。非売品。

1

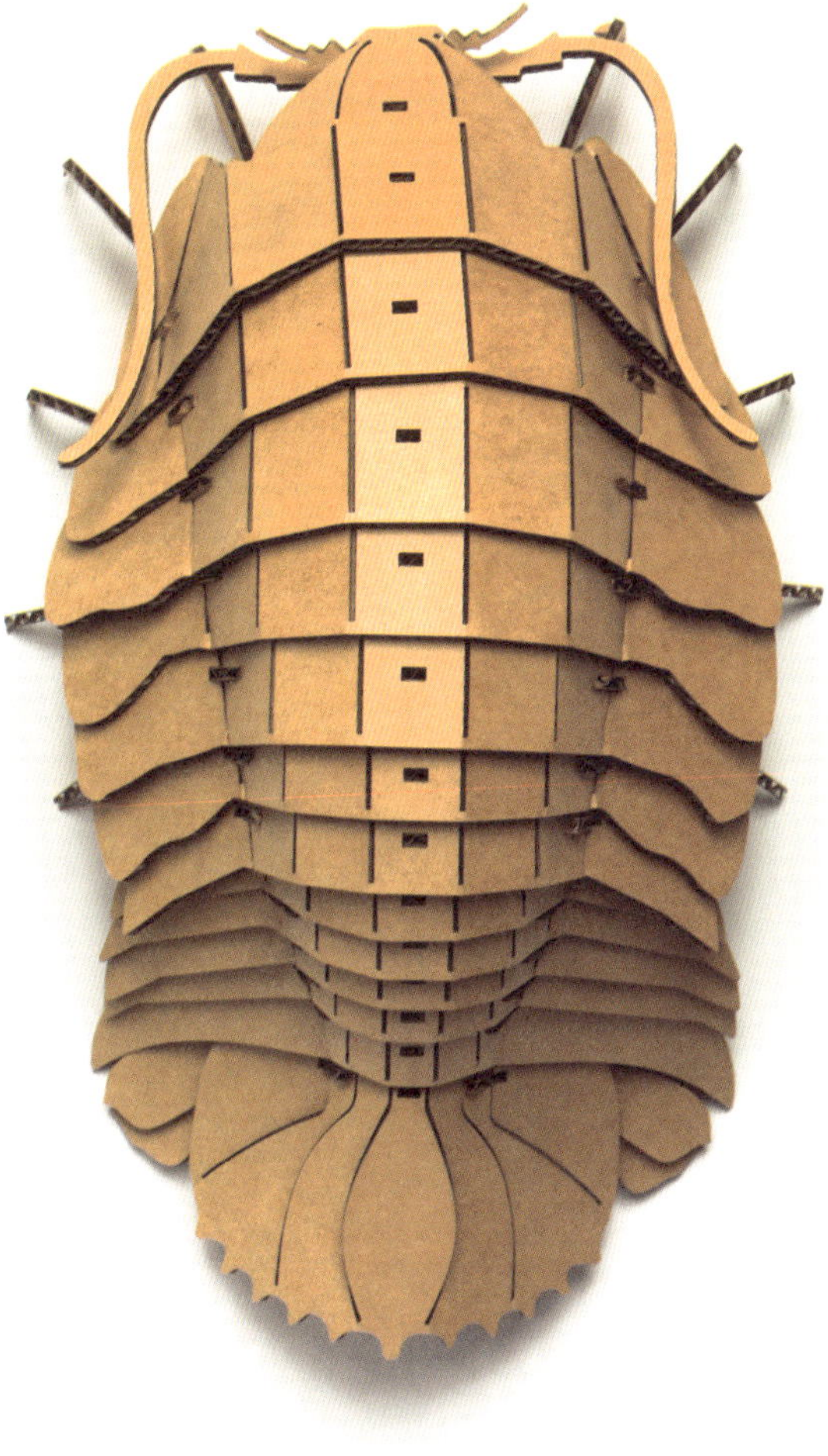

2

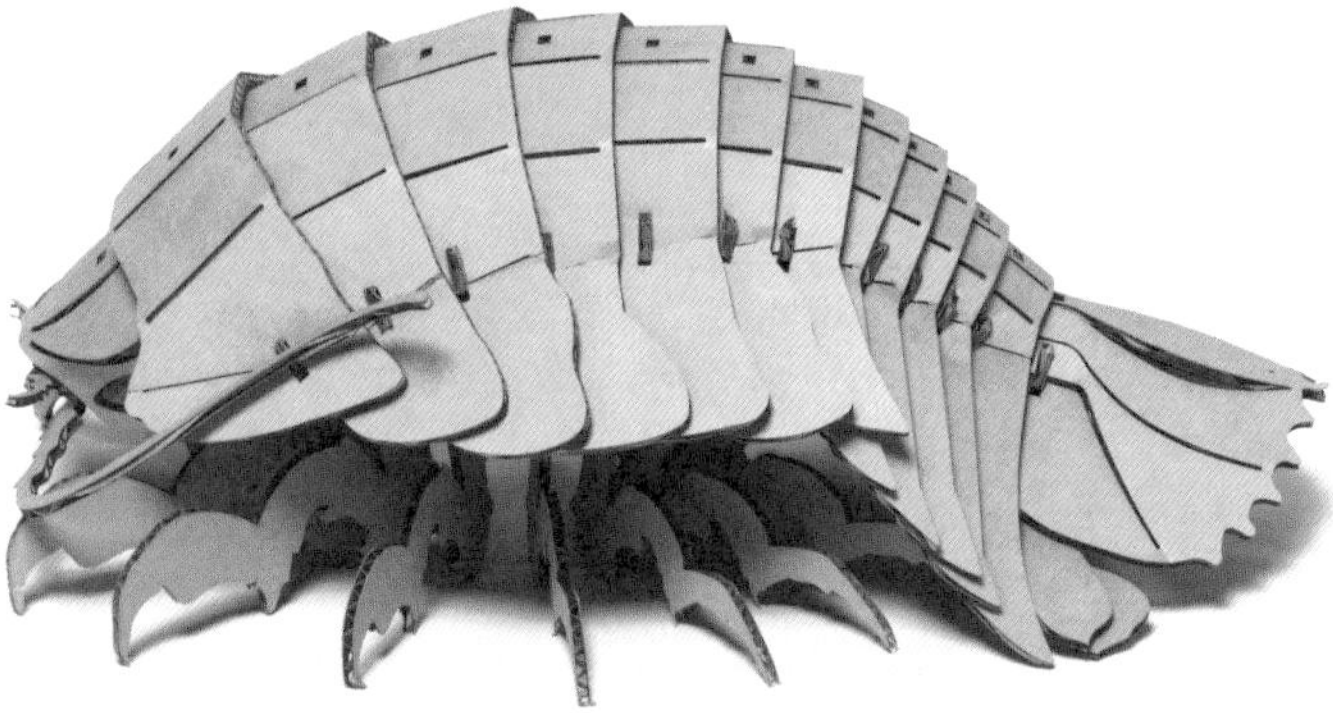

2	ダイオウグソクムシ（横）		
制作時期 2017年	製作期間 10日	サイズ（H×W×D ㎝） 100×30×20	発注者 なし

細部までこだわり、横から見てもその再現性は高い。大きさも、ホンモノとほぼ一緒。組み立てには少し時間がかかる人も。

3	ペンギン		
2017年	3日	15×10×2	なし

組み立て用キット。組み立ては簡単。子どもでも30分程度で可能。オブジェとしてだけでなく、メモをクチバシにくわえさせることもできる。

4	エンジェルフィッシュ		
2017年	3日	20×30×10	なし

組み立て用キット。作る楽しさももちろんだが、できあがった物を飾っておきたくなるようにも考えられている。

3

4

虫

ダンボール遊具

1　オニヤンマ

制作時期	製作期間	サイズ（H×W×D㎝）	発注者
2019年	3日	15×10×1	なし

子どもが集まるイベントのために制作。組み立て用キッド。図鑑から出てきたように精巧。「虫シリーズは、大好きなスタッフ任せです。窓に実物大のカメムシが貼ってあって、私もビックリさせられます」。Konpo'sFactory にて販売されている。女川ショールームでも人気の作品のひとつ。

1

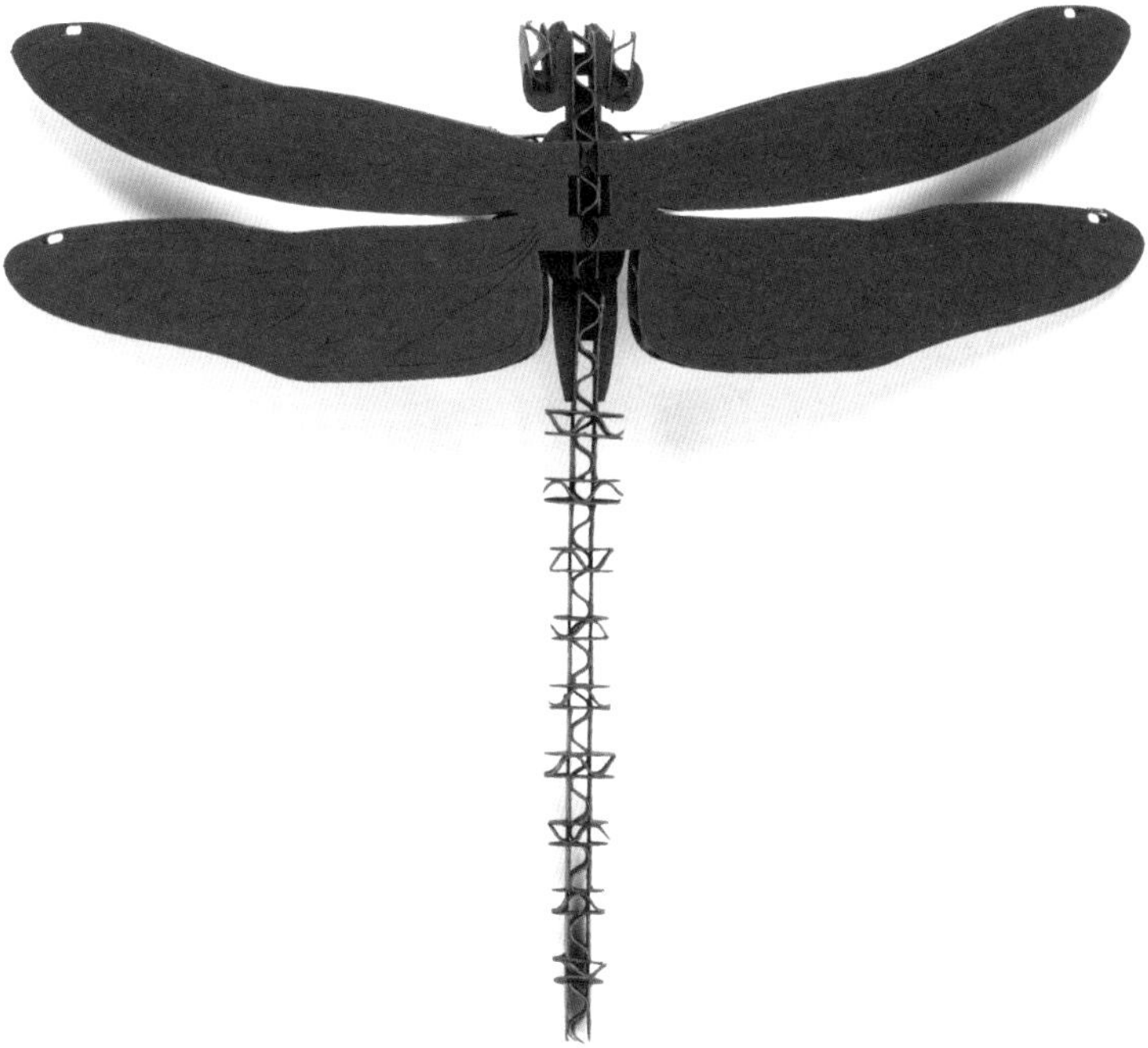

2

2	オニヤンマ		
制作時期	製作期間	サイズ（H×W×D㎝）	発注者
2019年	3日	1×10×15	なし

立体的で、観葉植物に乗せるなど、部屋に飾ってもいい。

3	ヘラクレスオオカブト		
2012年	3日	3×5×10	なし

日本にはいない世界最大のカブト虫といわれるヘラクレスオオカブト。

4	オオクワガタ		
2012年	3日	3×5×10	なし

日本最大級のクワガタ。クワガタ好きで有名な役者さんんも買ったとか。

5	アゲハチョウ		
2019年	3日	3×10×15	なし

羽根の模様も美しい組み立て用キット。Konpo'sFactory ブランドで販売中。

3

4

5

6

6	カメムシ		
2019年〜	3日	1×1×0.3	なし

実物大カメムシ。再現性の高さに、つい触ったあとに手のニオイを嗅いでしまうほど。

ダンボールは梱包だけでなく、もっと活躍できる場所がある

いまや、宮城県女川町の復興の目玉となっているが、これに関しては、女川町が「ダンボルギーニ人気にあやかった」というわけではありません。私と女川町長の須田善明氏が同級生で「昔なじみ」だったことから、被災した女川駅の復活の目玉である「シーパルピア女川」への出店を依頼されただけ。まだその時点でダンボルギーニはできていなかったのですから。

復興のために作ったわけではない「ダンボルギーニ」と、「昔なじみだから」という理由で店を出した結果が、思わぬかたちで「復興のシンボル」となった、いわば思わぬ誤算でした。

コンポー屋に店を出せと言われてもどうしようかと思っていて、たまたまダンボルギーニがあったんで、『ショールームにしようかな』と考えただけです。町長はダンボルギーニを知りませんでしたしね。1＋1が2ではなく、とんでもない化け方をしたんですよ。そこには別に欲がなかったからかもしれません。

だいたい私は、ダンボールアーティストではなく「地方企業の社長」。ただ、ダンボルギーニを作る前から「少しだけ変わっていた」、ただの「おだづもっこ」なだけですし。

私が率いる今野梱包株式会社は、その名前の通り梱包業を営む会社です。ただ、そこに独自で開発してきた知識と技術があり、それらを基にした「アイデア」がプラスされている、ちょっと変わった会社であることはまちがいないかもしれません。

現在、私以外のスタッフ・社員は総勢14人。しかも最年長が社長である私。若い若い社員に囲まれていて、いちばん長く働いてくれている社員で15年前後です。

「定着率、低くないですか？」

そんな声が聞こえそうです。そうも言えますが、違うとも言えます。私自身が転職を強くすすめるケースがあるからなのです。

それは、やりたいことがあって知識も能力もあって、それを発揮する最高の環境は「今野梱包ではないところ」がはっきりしている場合です。新しいことを見つけた人にも、どんどんその方向へ行けって言います。だから、辞めたあとでもその後の苦労話や楽しい話をしに来る元社員もいるくらいです。

さて、コンポー屋であるわが社ですが、ダンボールをはじめとした梱包材を利用した仕事を以前から標榜していました。主たる仕事は、いまも昔も「梱包」です。お客様から依頼があった形にダンボールなどをカット、加工して納品します。この仕事はダンボルギーニを作る前でもいまでも今野梱包の仕事の柱です。この柱を強くするために、いろいろなものを作ってきたのです。

阪神淡路大震災の発生で考えた「ダンボールで作れる避難所の個室」は、わが社だけではなく、さまざまな梱包会社があの状況を鑑みて、仕切りや高床を作りました。その後、多くの災害を経て、いまでは自治体の中には避難所に最低限のプライバシーを守れる避難所グッズが用意されているようです。

身近なところで言えば、２００５年の宮城県沖地震もその後の「災害」に関する気持ちが大きくなりました。そして、ダンボールは梱包だけじゃない、もっといろいろ利用できる実力があると考えたきっかけが、この経験だったのかもしれません。

ダンボールの特性は軽さ、温かさ、意外な強さです。一般のダンボールでも、重ねることで強度が高まり、強化ダンボールを使えばさらに合板程度の強さを実現することも難しくないそれでいて、取り回しが簡単なのです。

キャラクター作りの技術と知識と知名度で、新たな仕事が来る

一般ダンボール、強化ダンボールのトライウォールなどの素材を使って、キャラクターロボットやダンボルギーニを作ったことにより、注目を浴びました。「女川町の復興の目玉」という位置づけになるなんて、当初思い描いてもいなかった物語が広がりましたが、それよりも、最初の目的はしっかりクリアしています。

それが、これらを作ったことによって、今野梱包の知識と技術の高さと豊富なアイデアを広く知らしめることでした。

そして素敵な仕事が舞い込みました。なんと、あるメーカーからのコラボレーションの要請でした。世界的な大ヒット作品、スターウォーズシリーズ『ローグ・ワン／スターウォーズ・ストーリー』の公開を記念した強化ダンボール製「AT-ACT」の製作だったのです。

これに関しては、他の製作スケジュールと重なり、いったんは辞退の意向を伝えたのですが「ダンボルギーニを世に出した会社に依頼したい。それが今回の意義でもある」との熱意ある再度の依頼により、製作を決意したのです。

サイズは長さ5・2メートル ×高さ5メートル ×幅2・1メートル、重量は350キロ。頭部や脚部、ボディーのドア部分のオレンジなど細部にわたり、忠実に再現。遠目からは一見して段ボール製には見えないが、近くでよく見ると『ダンボールなのに』というインパクトとサプライズを残したのです。

このAT-ACTは、公開に合わせて東京・日本テレビのホールに展示されました。1／6モデルですが、下から見上げる迫力を重視して作り上げたんですが、実際に展示された物を見たときに「これはすごいな」と自画自賛状態でしたね。

手にとって見える場所ではなくてもしっかり作り上げたので、感想もうれしいものでした。「ダンボールで作ったとは思えない」という声が多く、中には「ダンボールらしいところを探してしまいました」なんて感想も。そうです。全部ダンボールなんです。と誰にも見られていないのに、胸を張りましたね。

その後、女川町でも展示して、契約の通り、いまではその形はありません。でも、一度作ったことが、その先の自信にもつながり、蓄積された技術によってまた違うものが作れるようになりました。

そして、2019年春に東京上野公園の国立科学博物館で開催されていた大きなイベントのお土産コーナー出店企業からの依頼もありました。

それは「ライオンやキリンなどのほ乳類の形をしたぬいぐるみを陳列するための棚」というもの。しかし、「ただ平面の棚に並べるのではおもしろくない」「何かいままでにない形にしたい」「動物たちが巣にいるような、そんな感じにしてほしい」という希望があったのです。

当初、先方さんは丸い筒状を考えたようですが、それはコストがかかるし、ダンボールで筒を作るのは無理です。試行錯誤の末、安定して巣にいるように見えて、かつぬいぐるみが目立つという棚を思いつきました。

それが六角形の筒です。角がしっかりあるので、円柱よりも安定感は抜群にいい。それだけではなく、見た目が蜂の巣のようなので、カラになった場所も人目を惹きます。何も入っていなくても、思わずのぞいてみたくなります。その蜂の巣に、ぬいぐるみをお尻を奥になるように収納すると、巣の中からこちらに顔を向けているようなりました。商品の陳列としては理想的です。

もちろん、ダンボールで作ったといっても耐久性はあるのでイベントが終わったあと、どこにでも移動して同じように陳列することも可能です。

このように、以前の仕事と同系列であっても、まったく新しい試みであっても、私たち今野梱包はそれに対応できる力を手に入れています。そして、依頼主の方たちも、私たちのアイデア、技術といった「今野梱包というコンポー屋のクリエイティブ」力を買ってくれているんだと思うのです。つまり『ダンボルギーニ技術』という我々独自のブランドに説得力が付加されてきつつあると実感しています。

「被災地の被災者のコンポー屋」としての役割と矜持のこと

2015年、大きな変化がありました。それは防災に関する関わりです。自然災害から身を守るための啓蒙活動として、国土交通省と民間レベルで取り組む防災ジオラマ推進ネットワークへの参画です。東日本大震災を身をもって経験した身としては、やはり「防災」は、利益を別にした大きなテーマです。

東日本大震災では津波がクローズアップされました。「あの津波がなかったら、被害者数はこんなに多くはなかったのでは？」という声があるほどです。しかし、私の住む内陸地域は、津波には襲われなかったものの、建物は倒壊し、道路は陥没、液状化現象もあり、被害は甚大でした。もちろん犠牲になった方もいます。

津波は多くのものを海へ持って行ってしまいました。そのため、津波で犠牲となったのか、それ以前に……、などははっきりしていないのです。

ただ、いま考えると、海近くの方だけではなく、内陸部までその地形によっては津波が押し寄せたり、浸水が起こっているし、崖崩れも発生しました。単純に高台に逃げればいいというわけでもなく、逃げた山が、崖が、崩れたらどうにもなりません。

自分自身も含め、いま住んでいる場所がどんな地形で、どんな歴史の上にいるのか、知ることは大切だとつくづく感じています。防災を考えるとき、逃げる場所が安全だったとしても、そこまでの道のりは最短距離が適切とは限らない。それがわかりました。防災は、自分の土地を知ることから始めるべきなのです。

それを身をもって実感していたところに「ダンボールでジオラマを作ることはできないか」という話が来たのです。「できます」と即答しましたが、正直ビックリしました。もとはといえば、ある団体に講演を頼まれたことに始まります。震災のときの経験を話したのですね。そこから、防災ジオラマ推進ネットワークにつながり、ダンボールでジオラマを作ることになりました。

ダンボールのジオラマ……。何のことやらという感じでしょう。地形をダンボールで再現するのです。とはいえ、ただの再現では飾っておくだけの「素敵な作品ですね」で終わる。それより、地形を知ってもらうことが大切です。しかも、どの年齢の人が見てもわかるようにしないといけません。そして何より、子どもたちが自分で地形を楽しんで学べるような仕掛けが必要でした。

そこで、ダンボールの厚みを利用したのです。ダンボール1枚を等高線と考える形式です。等高線に沿って切り抜かれたパーツをパズル感覚で自分たちで積み重ねて、ジオラマを完成させるオーダーメイドのジオラマキットとしました。たとえば、自分たちの街のジオラマキットを作ってほしいと言われれば、等高線に合わせて切れ目を入れたキッドを作製し、パーツに分けてお渡しします。

自分たちの住んでいる街の地図を見ながら等高線に合わせ組み立てれば、「あ、ここは周囲よりも一段低い地域だったんだ」とか、「避難するときには、車で大通りを行って渋滞に巻きこまれると危ないから、この細い道を通って山に登ったほうがいい」とか。

または、ジオラマを見ながらどこに誰が住んでいるかなどをマッピングして、避難のときに声かけの担当を決めることもできるし、過去の災害をひもといて、たとえば崖崩れの痕跡を探して注意するなどもできます。

　基本的には子どもの防災学習のためにと考えて作っていますが、たとえば高齢者とともにジオラマを見ながら話をすれば、現在住宅がひしめき合っている場所が昔は田んぼだったり、小高い山だったとか、そういう話もどんどんジオラマに書き込んでいくといいでしょう。ジオラマ上で情報を更新するのです。

　もちろん、行政で発表しているハザードマップも利用できます。ただ、やっぱり平面でみるよりも、立体で見たほうがイメージしやすいでしょう。


　インフラが脆弱だった時代には、自分の身は自分で守るために、自分たちで河川の状況を見極めて、高台に逃げたり、船で逃げたりしたのでしょう。それが、時代が移り変わりインフラは充実し、災害も減りました。それじたいはいいことです。ただ、それだけ防災意識が希薄になっているんですね。そんなときに、この防災ジオラマで子どもも大人も高齢者もいっしょになって、自分たちの住む地域を見直していく、そしてコミュニティを作り上げていく。それが、この先の災害への大きな防潮堤のひとつになると思っています。

　このプロジェクトは、オーダーメイドなので「この地域を作ってほしい」と依頼を受ければ、作ることができます。行政でなくても、個人でも、防災に興味のある人ない人、とにかく立体地図が作りたい人でもいいので、興味のある人は一度、全国各地でおこなっているワークショップを見学いただけると幸いです。最初は興味本位からでも、のちのち防災につながってきっとすばらしい体験になることでしょう。

COLUMN 3

スタッフがそれぞれに、変わった特技と再現力、そして想像力を持つヘンタイたち

今野英樹氏が率いる今野梱包株式会社のスタッフは15人。20代〜50代と幅広い世代が揃っている。石巻市桃生に本社と工場と第2工場があり、今回のような強化ダンボールであるトライウォールを使ったさまざまな作品を生み出しているのが、主に第2工場だ。大きな倉庫には所せましとトライウォールなどの梱包材が並び、その中に大型のプリンターの部屋も設置されている。

そして、工場の外に2階建てと平屋のプレハブがあり、平屋が事務所代わりだ。打ち合わせをする部屋はその中にある。そこに入ろうとガラスの引き戸に手をやると、なんとそこにはカメムシが3匹張りついている。よく見ると……。

「これ、うちのスタッフが作ってここに貼ったんですよ。私も知らなくて、ビックリして声出しましたからね」

と今野氏も言うほどリアルな作り物だ。そしてそのカメムシ、なんと今野氏も知らな

いうちに、K's Factoryの商品としてラインナップされていったという。「ちゃんと社長に商品化していいかを聞きましたよ」とは当該スタッフ。真偽のほどは不明だが、実物大のカメムシを作るとは、さすが今野梱包が誇る「ヘンタイスタッフ」のひとりだ。「最初はダンボールの色のままだったんですけどね。せっかくプリントできるなら絵を描きたくなるじゃないですか」というのは他のスタッフ。滑り台を作ったときは恐竜は考えていなかったという。が、どんどんバージョンアップしたのだ。

「趣味は車。あと、モデルガンとか好きなんですよ」というスタッフはゴム鉄砲を本物のマシンガンや拳銃のデザインで再現。今野氏もこの作品をネタにして、SNSによくアップするほどの出来である。かと思えば、球の中でうさぎがお餅をつくファンシーな作品を作るスタッフもいる。このスタッフ、あのロボットアニメを作った人だというのだから、その創作意欲はとどまるところを知らない。また、今野梱包にはコミックマーケットなどで活躍していた同人マンガ家まで存在する。90ページの作品がそれ。

今野梱包と言えば「今野英樹」だが、その人を支えているのは、やっぱり個性豊かなスタッフたちだったのである。今野氏がいう「ヘンタイたち」だが、この人たちが「今野英樹」を作っているのかもしれない。

4

1／20
巨大野球盤、
つくる。

2019

障がいのある人もない人も、
フェアに楽しめる
全長6メートル超の
巨大野球盤を作る
プロジェクトが始まった。

首都圏の私鉄各社の鉄道車両整備と点検を
おこなうかたわら、障がい者支援事業にも
取り組む堀江車輌電装株式会社という企業がある。
2019年5月29日、
障がいがある人もない人も同時に楽しめる
スポーツ「誰でも野球が楽しめる
『ユニバーサル野球』開発報告会&体験会」を、
東京・北の丸にある毎日ホールで開催した。
このユニバーサル野球、おもちゃの「野球盤」を
巨大化したもの。なのに、指先を1センチ
動かすだけでバットを振ることができる。
つまり、どんな人でも同じ条件で戦えるように
設計されている。
一般的な野球場の20分の1というスケール、
この野球盤の制作を依頼されたのが、
今野英樹氏率いる今野梱包だった——。

驚

ダンボール器具

ユニバーサル野球盤

制作時期	製作期間	サイズ（H×W×D㎝）	発注者
2018年~	6ヶ月~	600×600×60 （両翼630㎝）	堀江車輌電装株式会社

鉄道イベントがきっかけとなり、次はこの障がい者スポーツへのとり組みのひとつとして進められていたプロジェクトへの参加となった。子どももおとなも重度の障がいがある人も、「同じ立場」で楽しめる“究極の野球盤を作る”が合い言葉。「学校の授業で使うことも考え、短時間で設置できて、しかも軽くてコンパクトに作り上げています」。

B
UNIVERSAL STADIUM
OUT
OUT

A

A
B
UNIVERSAL STADIUM
OUT

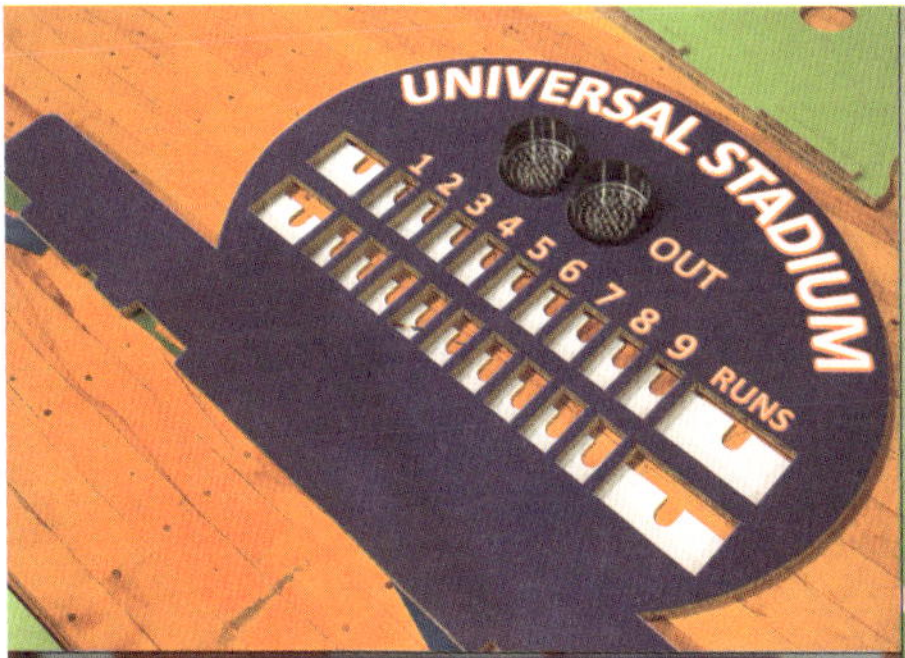
UNIVERSAL STADIUM
1 2 3 4 5 6 7 8 9
OUT
RUNS

CF
OUT
2B
RF
1B

遊

ダンボール遊具

1	恐竜木馬		
制作時期	製作期間	サイズ（H × W × D ㎝）	発注者
2012 年	5 日	70 × 20 × 90	なし

小さな子どもでもこのコンテンツにかかわれるよう、安全を最優先させた設計で作っています。もちろん大人が乗っても大丈夫です。

1

2	滑り台（小）		
制作時期	製作期間	サイズ（H × W × D ㎝）	発注者
2012 年	3 ヶ月	100 × 20 × 40	なし

大人も口の中にすっぽり入るくらいの巨大なティラノサウルスのオブジェ。

3	足こぎバギー		
2012 年	3 ヶ月	100 × 20 × 40	なし

子どもがまたがって自分の足でこいだり、引っ張ってもらう仕様。

4	滑り台（大）		
2012 年	3 ヶ月	200 × 150 × 100	なし

一度に複数人が遊んでも安心。角を丸めてケガをしないように工夫。

5	滑り台（大）		
2012 年	3 ヶ月	200 × 150 × 100	なし

ピースをしているのは就学前の今野氏の次女。

4

5

6

6	滑り台（大）		
2012年	3ヶ月	200×150×100 他	なし

恐竜の形が子どもたちに大人気。

ダンボール器具

1　恐竜いろいろ

制作時期	製作期間	サイズ（H×W×D ㎝）	発注者
2016年	20日	20×10×10他	なし

組み立て用キット。Konpo'sFactory ブランドにて女川のショールームその他で販売中。「若い社員がこの手の細かい作品作りが好きで。次から次に提案と試作をつくってくるんです。いそがしくて生返事していると、知らないうちに商品化されているケースもありますが、子どもも喜んでくれているようです」。

1

2

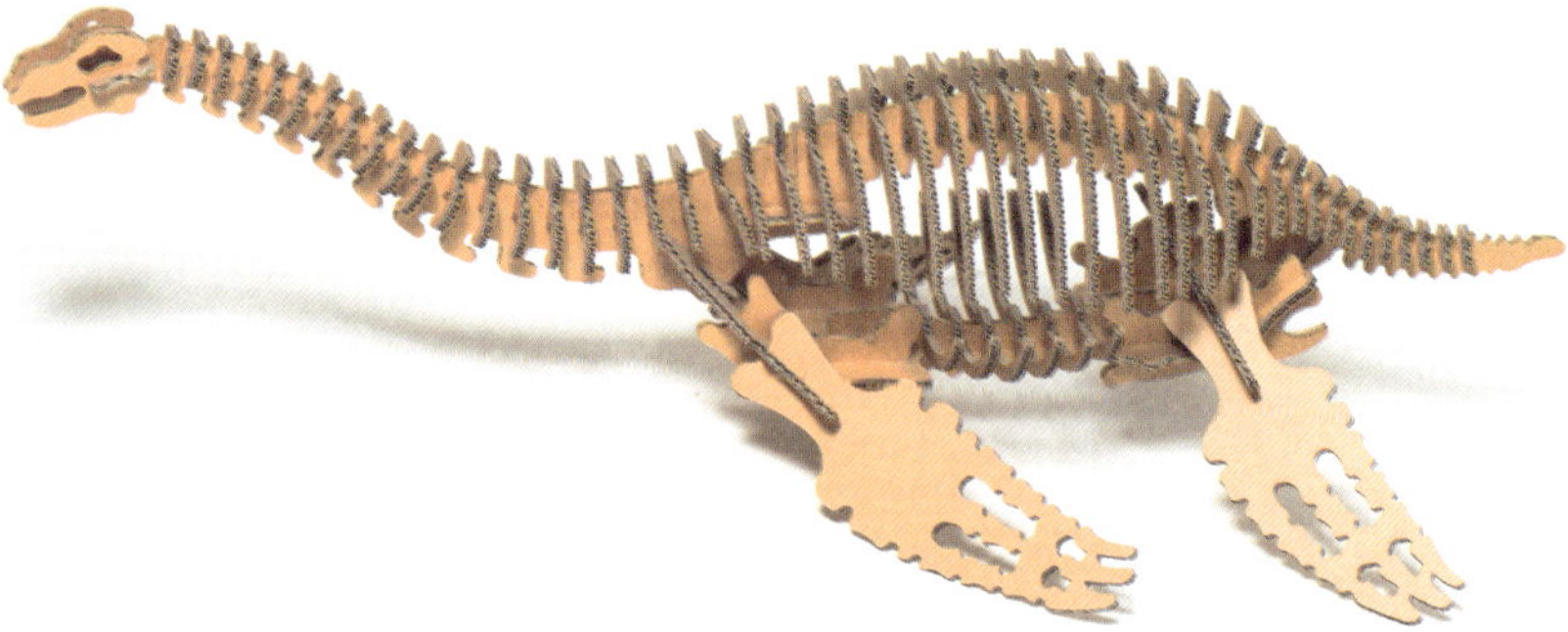

2	首長竜		
制作時期 2016年	製作期間 3ヶ月	サイズ（H×W×D㎝） 60×30×10	発注者 なし

中生代三畳紀後期に現れ、ジュラ紀、白亜紀を通じて栄えた水生爬虫類の一群の恐竜。組み立てキッド。

3	ティラノサウルス		
2016年	3ヶ月	200×100×100	なし

イベントなどで設置すると子どもだけではなく大人にも人気となる。

4	トリケラトプス		
2016年	3ヶ月	200×100×100	なし

トリケラトプスは、骨でできた大きなフリルと3つの角が特徴的な恐竜。骨格見本でもよくわかる。イベント等で設置。

3

TOHOKU and MIYAGI
欢迎光临东北・宫城县
서 오십시오 동북·미야기에
笑顔咲くたび
伊達な旅
仙台・宮城
復興へ
頑張ろう!
みやぎ

4

今野社長、ダンボルギーニの次は巨大野球盤にトライする

「商品や製品を傷などから守るための梱包材」。ダンボールは、そんなイメージでしょう。最近では「アマゾン」などのネット通販が隆盛を極めているので、どのお宅にもダンボールのひとつやふたつありますよね。

私、今野英樹、そして私が代表を務める今野梱包の社員。スタッフだってもちろん、ダンボールなどの梱包材はいわば縁の下の力持ち、そう認識していたのです。

だから、商品を守るためにどのような強度があるほうがいいか、梱包の方法はどうしたいかなどについては、つねにディスカションをしていたのです。

ただ、私たちはそれだけでは終わらなかった……。

その違いは、ダンボールの可能性そのものへの着眼とも言えます。

ロボットや車を作ったり、遊具や玩具をダンボールで製作してきましたが、これに関しても安全性、軽量化、円形に見せる方法など、最終的には梱包に落とし込むためにした試行錯誤の一環でした。ただ、「どうせやるなら楽しいほうがいい」と、ちょっと遊び心を刺激して、開発のつらさ

をやわらげる思いもありました。

ただ、その遊びが思った以上にさまざまな人の目に触れ、話が大きくなっていったのです。制作側の思惑や予想を少し超えていきました。

その結果、私たちの遊び心から発生した技術が、社会に少しだけ役に立つことができるような話が舞い込むことになってきました。といっても、それがまた「みんなで楽しむための道具作り」というのだから、まったくもってまさに今野梱包の面目躍如です。


ひょんなことからダンボルギーニを作って、それをきっかけに石巻の小さな梱包屋の代表が全国的に有名になってしまいました。そうなると「商品を梱包する」という仕事以外の、いわゆるクリエイティブなモノづくりを求めるような仕事の依頼がどんどん舞い込んできたのです。

その中のひとつが、大きなやりがいを喚起させられるものでした。しかしその分、失敗も許されないし、製品として完成したとしてもそれだけでは成功と言えない、とてもむずかしい依頼……。

だからこそ、しっかりと話を聞いてから判断しようと、お会いすることにしました。

それが、東京の九段にある「堀江車輌電装株式会社」でした。2018年11月のことです。

その会社は、社名にあるように事業内容は「安全・快適を提供するための車両整備事業と、常に新しい技術を取り入れ、車両のリニューアルをおこなう鉄道車両改造事業を主軸にしています。中でも電気系事業を中心とした技術提供」です。一瞬、鉄道関係の仕事の依頼かと思っていました。というのも、以前、仕事を一緒にしたことがあったからです。それがまさに社名にある「鉄道車両」関係でした。

２０１７年の『見て、乗って、触って、知ろう！ 電車のヒミツ！』というイベントで、ダンボールで車両を製作する仕事でした。当初は１／６モデルといわれていたのですが、試作ができるにしたがって「こういうものは可能だろうか？」とさまざまな提案が追加となって出されてきました。最終的には、堀江車輌電装の社長堀江泰氏自ら「１／１スケールで作ってみないか」といった提案になったのです。

日程的にもかなり無理めでしたが、むずかしい課題を解いていくのは、モノづくりを標榜としている者にとっては「萌える」いや「燃える」。そこで「先頭車両だけ」ということで、ダンボールで１／１を作り上げたことがあったのです。

そのような堀江車輌電装からの依頼、おそらく一筋縄ではいかないはず。でも、ワクワクと興奮する自分と、社員たちの気持ちが感じられてきました。

2018年12月　球場の20分の1サイズの野球盤を作ってほしい

堀江車輌電装に赴きました。鉄道事業が主な事業内容ですが、もうひとつの顔を持っていました。それは「障がい者支援事業」です。障がい者の就職支援や企業とのマッチング、職場体験実習生の受け入れなど、障がい者が社会に進出するための「最初の一歩」の支援をしていました。

その事業の一環として「障がい者スポーツサービス」という分野があり、今野梱包へはこの分野からの依頼でした。堀江泰社長はもともとサッカーが好きで、「障がい者サッカー」に対する支援をしていたことは知っていました。その中のひとつとして、健常者と知的障がい者がともにプレーする唯一のフットサルチーム「FC Tryangle Tokyo」を2017年6月に結成していました。このときのキャッチフレーズが「勝つという気持ちに、障害は無い。」。障がいのあるなしにかかわらず、すべての人が等しく楽しめて、等しく悔しがる、そんなことを標榜していたのです。それはサッカーやフットサルだけに限らず、すべての次元で実現したいという思いのなか、堀江社長は中でも「スポーツ」という分野でがんばっていると感じていました。

打ち合わせからしばらくたった、まさに平成最後の年末、あわただしさのなか、昭和の少年少女にとってなくてはならない、まさに遺産的おもちゃが届きました。消える魔球バージョン前の、おもちゃとしてもプレミアモノです。サンプルとして取り寄せました。「巨人、大鵬、卵焼き」。私自身はその時代はまったく体験していませんが、このおもちゃの後継機で遊んだ世代です。

「単純にこのおもちゃを復刻させる」なんてプロジェクトではなかったのです。そう、もっともっと知恵と智慧と技術が必要となる。簡単じゃない。かつ大量生産製品ではないから、コストなども考えないと、会社の経営者としてはいけないのだろうという不安も走ります。

そのおもちゃとは……。

「野球盤」です。

実際の球場の20分の1サイズ、つまり巨大野球盤をダンボールでつくりたいという依頼でした。しかも複数の人が一度に楽しめるものにしたい。その「人」というのは障がい者スポーツサービス部門だから「障がい者のためのもの」かといえば、それもまた違うらしい。

「今野さん、このプロジェクトの中心にいる社員は、障がい者に対する思いがとても強いんです。だから、要求はきびしいかもしれない。あと、私自身は障がい者、健常者という色分けではなく、障がいなんてあるかないかは関係ない、そんな楽しいものを作りたいと思っているのです」

堀江社長のその言葉に、私はやっぱり応えるしかないと覚悟しましたね。

「もちろん、障がい者だけで楽しめるという商品ならいままでもあったでしょう。でも、私はいままであったものを作りに来たんじゃないんですよ。みんなが同じ土俵で楽しめるものを作りましょう」

堀江車輌電装では、すでに進んでいたプロジェクトでもありました。関わっているスタッフだけじゃなく、全社員が向ける期待は大きく、このプロジェクトはこれまでの成果の進化形として野球盤が俎上にあがった試行錯誤の上でのアイデアだったのです。「軽くて移動可能な巨大野球盤がいい」となったとき、以前の仕事の関係で「今野梱包が浮かんだのです」と堀江社長は言ってくれました。

まだどんな結果になるのかわからないこのプロジェクト、話を聞いただけでもワクワクしてきました。何も決まっていないのに、キラキラしています。きっと社員もわかってくれるはず。そして一緒に楽しみながら仕事をしてくれる！　それが、私たち今野梱包だからだと思い、実際の制作に取りかかりました。

2019年1月「ぼくも野球がやりたい」から、プロジェクトは始まった

プロジェクトの概要がわかってきました。

そう、もちろんわが社挙げて協力するというか、一緒に作り上げていきます。ダンボルギーニを作った技術が大いに役立つことはまちがいないし、恐竜滑り台の強度も使えます。昆虫キッドの細かい仕様も、十分に役立ってくれるはずです。今野梱包のこれまでの技術をすべてつぎ込めるプロジェクトだと確信も持てました。

いままで梱包屋として何かを守るため、何かを覆うため、何かを移動させるために作ってきた技術だけじゃなく、梱包の範囲を超えてダンボールの可能性を模索し続けてきたその多くが、このプロジェクトで必ず花開く。

さて、どの部材を利用するか、じっくり考えることにしましょう。

このプロジェクトは私たちが関わる前から、堀江車輌電装が自分たちの技術を使って、さまざま試行錯誤をしていたようです。卓上の野球盤を複数の人がプレーするために、ある程度の大き

さが必要となるとわかったといいます。

この分野での堀江車輌電装側の担当者である中村哲郎さんから、障がいの重い子どもたち対象のスポーツ教室で「僕も野球がやりたい」という声を耳にしたところから始まったことを、打ち合わせで向きました。中村氏は野球を楽しめる方法はないかと考え始めたのですが、絶対的な条件は「少しの力でバットが振れて、球が打てる」ことでした。

そこで浮かんだのが、野球盤のシステム。

いろいろなテストを繰り返し、直径5・4メートルの一般ダンボール製2号機までは自社で作り上げていったけど、どうしても不都合が生まれてしまい、専門外として「限界」を感じ始めたときに「ダンボルギーニ」が頭に浮かんだのが経緯だったと言います。

堀江車輌電装のそれまでのノウハウを利用しながらも、当方としては一からのモノを作ることになるのです。それだけでも困難だけど、それ以外でも稼働させる条件がさらに厳しい。

当初の条件の「分解してバンに積載できるようにしてほしい」「できるだけ盤面の歪みは抑えたい」というものでした。当然、障がいを持つ人にもおおいに楽しんでもらうために、「使用上の注意」は少ないほうがいいのは当たり前。だから、強度も考えました。野球盤で使われるバッドは「石巻こけし」の作者である林貴俊氏に依頼し、「石巻産」の技術で製作することにより、少しだけでも地元の力を入れ込んでみたりもしています。

この野球盤の一番のウリは、ユニバーサルデザインです。要するに、どんな人でも等しく楽しめないといけない。これはきびしい。そんなきびしいことの一端を私たちに任せてくれるというのです。私たちは「コンポー屋」なのですが（笑）、実現させるためのアイデアを出すことを期待され、そのために必要となるモノも提案し、さらに設計図までこちらで関わることができるなんて、モノづくり屋としては最高の勲章でしょう。

社員たちはさっそく世界初のものを作るという「伝説」のために、昭和の遺産的おもちゃの野球盤を分解しはじめています。分解して、そのつくりを確認している。そのまま大きくするのではない。安全にそしてエキサイティングに、最高にエモーショナル、まさに「エモい」モノを作るために、頭を動かし始めています。

まずはおもちゃの野球盤の構造をしっかり頭に入れることが必要なため、分解、採寸など、元になるモデルを精査することから始めています。もちろん「そのまま拡大する」なんてことは無理。このサイズを大きくする場合、土台にはどれほどの重量がかかるのか、もしも人がけっこうな勢いでぶつかったとしても、壊れない仕様はどの程度なのか。もちろん、ぶつかったときにもケガをしないようにしなければいけないなど、オリジナル野球盤では考えなくてもいいことを、私たちは考えなければいけないのです。

設計図を引き始めると、問題点もはっきり見えてくるようになります。困難な条件もわかってくる。形が具体的に見えてくるにしたがって、社員たちの目の色が変わってきました。なんとか形にするためのアイデアを、頭の中でかき集めているのでしょう。

私が集めた最高の人材、「自分たちならできる！」という意志が強い、いや、そういう意志しかないスタッフたちです。困難な状況になればなるほど、喜んで実現させようと楽しむことができる大切な同胞たち。

そんな最高のヘンタイたちが自分たちの実績として誇ってもらいたいとの思いから、先方様の要望や思いを聞いているからこそ、できることの最大で設計に臨みました。

2019年2月　障がいのある人、ない人が同じ条件で楽しめること

実現のために、堀江車輌電装と何度も打ち合わせを重ねることになりました。重い障がいがある人と、障がいがない人たちが、同じ場所で同じ条件で同じように楽しめることが、何よりも大

切なので、その部分に対して慎重に話が重ねられたのです。子どもたち、障がいがある人などが使うために、ケガをしないように設計をしなければいけません。なので、ただ頑丈であればいいというものでもないのです。

「両翼が6メートル」と、大きさは決まりました。使用する素材の寸法と、組み立てやすさを念頭に置いた分解の設計、人が持てるだけの重量、そしてバンの荷室の寸法との果てしないニラめっこ。こちらを実現させると、一方が不可能になってしまう、そんなことの繰り返しです。

何度も線を引き直し、当時はすべての盤面のパーツを連結できるように設計を進めていきました。盤面の平滑さを保つためには、盤面の下部で連結できるようにしなければならない。そこで、16ミリのハニカム（紙製）パネルの三層構造で検討することになりました。

連結には、インパクトドライバーで締めつけられる「メタルファスナー」という専用の工具を使用して、ガッチリ組み立てられるようにと考えました。発生してしまうであろう盤面の段差を最大限考慮すると、メタルファスナーはなんと267個も使わなければ、なめらかにならないことがわかりました。それでも、この依頼のためには譲れない点です。

ここは三層構造になるため、重量も加味していかなければならず、全体の重量が増えればバンには載せられない。さらに盤面のパーツ点数が多くなれば、それだけ工数も増える、組み立て手順も煩雑になる……。安全性と機能性、依頼をしっかり実現するためには、考えることは多岐におよびました。

軽量化に関しては、二層目のパネルの「肉抜き」を考慮することにしました。三層構造の中の真ん中のダンボールに関しては、表面のダンボールの強度が確認できたので、ダンボールの構造を変えて、ダンボールの真ん中にある波状の構造体を減らしたのです。いわゆる肉抜き。こうして強度は保ちつつも、軽くしていきました。

組み立てに関しても、作る人が迷わないようにするにはどう設計すればいいか、複合的に考え、立体的に動かしていく作業となっていきました。

もちろん製造コストも無視できません。原板から効率よく製造できるだけの設計が必要です。日ごろから社員には「まずは実現すること、コストは俺が考える」なんて言ってるけど、実際にはコスト度外視では、給料も払えなくなってしまいますから。もちろん、社員もわかってくれているので「こうすれば、強度も下がらずに安くできます!」なんて提案もしてくれるんです。頼りになるやつらばかりで、他の仕事も多く抱えているなか、みんな情熱を失わずにやってくれていました。

脳みそが筋肉痛になるほど、アイデアと試行錯誤を繰り返した結果、盤面の設計がおおよそすんだところで、今度は「盤面を載せる土台」の設計に着手。選択した素材はもちろん、われらが誇るトライウォール（三層強化ダンボール）です。できるだけ簡素に、そして安全な耐荷重を維持し、盤面の歪みも考慮し、組み立てのための作業スペースを考慮しながら、延々と設計作業を続けました。

「よし、これで大丈夫」と土台の取りつけ位置を決めて設置となったところで、大変なことに気づいたんです。直径6メートルの土台、その上に盤面を載せるのです。なのに、ああなのに！　土台のために作業スペースを確保することは考えついて、しっかり設計していたにもかかわらず、今度は盤面を全体に乗せる作業スペースを確保できない状況になってしまったのでした。

どういうことか。たったひとりでも設置できなければいけないという依頼があるのです。設置のための機械は使えない。となると、土台を先にすべて完成させても、土台の外側からでは、直径6メートルの中心部分に人力で盤面を置くのは無理です。そうなると、組み立てる順番も慎重に考えなければならない。しかも悩みながら組み立てるのではなく、順番がわかれば誰にでも簡単に……。

簡単に組み立てるための手順を「やっては、やり直す」の繰り返しが続きます。

そして、簡単に持ち運べて、順番さえわかれば簡単に組み立てられる方法が見えて、ようやく形がはっきりとしてきました。

この段階では、見た目はまさにダンボール。このままで「完成です。スタジアムですよ」では、子どもたちは興味を失ってしまうでしょう。

私たちには、大きなダンボールを彩色する超大型のプリンターという強みがあります。それも十分利用できます。本物のスタジアムのミニチュアを作るのではありません。野球盤の大型を作るのです。だからこそ、色の楽しみも必要になるはず。また、この自慢のプリンターは大型なのに細かい作業も大得意という代物なのです。ということは無機質な色つけではなく、ちょっとしたデザインだって可能です。最大に利用しない手はありません。

そんなところも、しっかりと打ち出していきたい。

今野梱包が関わるのだから、誰もが驚くモノを作らないと参加した意味もないし、堀江社長も中村さんも堀江車輌電装のスタッフも、それこそ社会が許してくれないでしょう！　と、勝手に思い込んでがんばっているところです。

2019年3月　野球盤の設営時間を、2時間から30分に短縮してほしい

プロジェクト初期の話し合いでは、直径6メートルにもおよぶ「球場」の盤面の段差や歪みを極力抑えたいというのが希望でした。それなら、私たちの技術では、おそらく実現はむずかしくはないと自負していました。その後、検証を重ねるあいだに、他の部分にもいろんな問題点が見えてきたのです。ま、途中で仕様が多少変更されるのは想定内でした。

そんななか、担当の中村さんも、独自で直径5・4メートルの一般ダンボールを使った試作機を作っていたのです。

3月24日、東京・小平市の小平特別支援学校の体育館にこの試作品を持ち込み、試験試合を実施。障がいがある18人を含む27選手が参加し、実際にプレーをしました。本番の野球さながらに場内アナウンスが流れ、選手たちはもちろん、家族や友人ら集まった総数約100人みんなが興奮し、感動していたという話でした。

「野球をやりたいと言っていた子が、実際にボールを打ってアウトになって悔しがっているのがうれしかった。そんな悔しがっている子どもを見て、親が喜んでいる姿がすごく印象的で、この

野球盤を作るプロジェクトにまちがいはないと感じました」と中村さんは当日の様子を語っていました。

イベントとしては成功を収めたが、野球盤の試作品としてはいくつかの改善点が見えてきた中村氏は、打ち合わせの開口一番、こう言ったのです。

「実は歪みは、ゲームを展開していく上で大きな問題になりませんでした」

何よりも注意が必要とされていた歪みは、ゲームを進めても「しらける」結果にならず、かえってイレギュラーバウンドのような意味合いが生まれ、本当の試合のようにエキサイトしていく場面もあったというのです。

「その歪みが、障がいがある人たちだけに関わるものではなくて、プレイヤーの誰にとっても同じ条件だったので、意外とみんなが『アアアアア!』と悲鳴や歓声を上げて楽しんだのですよ」

「では、新たに見えてきた問題とはなんでしょうか?」

つい、神妙な声で私は聞き返していました。

「ずばり、設営時間。私ひとりで設営することを考えてください。そして、どんなに時間がかかっても30分でできるようにしてください。それがマストです」

そうなると、当初設計していた仕様を大幅に見直さなければなりません。6メートルの大きさの設置を「時短する」するためには「軽くすればいい」というだけで解決できません。強度は大切だし、安全性は担保しなければいけないのです。

「なんとかもう少し設置にあてられる時間を増やせないか」と思ったのですが、30分以内での設営の理由も、納得せざるをえないものでした。

それは「授業」時間。

「学校の授業でおこなうとしたら、ひとコマの授業の時間で準備が完了しないといけません。45〜50分。そのなかでやりきることを考えると、やっぱり最大30分ですね」

真顔で言う中村さん。

初めて大々的にお披露目される新聞社主催の体験会まで、2か月を切っていました。ここからの仕様変更はかなりきびしい。胃のあたりがキリキリしはじめる。でも、ここまできて「できません」なんて、口がさけても言いたくないし、そもそも言わない。

中村さんが楽しげに語る試作品を使った試験試合の様子。そこで、プレイヤー自身が「ゲームの主人公になれた」経験の大きさが手に取るようにわかりました。障がいを持つ本人もその親も、またそれ以外の参加者もゲームを一緒に楽しめたこと、打ててうれしかったことはもちろんだけど、「打てずに悔しかった」といった気持ちも共有していったのです。

そんなプロジェクトに関わっている。やっぱりしっかり作りたい。いままでもいろいろなモノ作りに関わりましたが、今回は過去の経験とはまったく違っている。それでも参考になるものはあるのだろうか。そのためにはどうするか……。

打ち合わせを終えて宮城に戻りました。社員たちの顔は疲れてはいても、目はさらに光っています。まだ大丈夫だ。新幹線から「仕様変更」のメッセージは流しておいた。「アイデアが欲しい」「考えておいてくれ」と伝えたが、さすがに疲れているだろうと思っていたけど、そんなことはありませんでした。

社員たちはすぐさま次の作業に取りかかっていたのです。

さすが、うちの社員。きびしい条件になればなるほど、力を発揮する。うん、マゾヒストか？ヘンタイだな。あ、俺もそうか。さて、がんばろう。

2019年4月 みんな24時間、野球盤のことばかり考えていた

仕様変更は、正直難航しました。想定される設置所用時間は2時間と想定していたからです。「バンに積める」「盤面の段差」のみを考慮して最大限品質にこだわった設計は、このひとつの条件で、いわば「振り出しに戻る」ところまでいったとも言えます。

完成までのプロセスで数々の問題点が浮上することは想定していたけど、最終段階で出てきた最優先事項が「最大の難関」になろうとは……。

軽くすれば強度が落ちる。安全性の低下は絶対にだめだ。では、どうするのか。パーツの見直しをするのがいいかもしれない。しかし、あまりパーツを細かくすると、組み立てあがったときに歪みが生まれる可能性が生じる。強度も下がるかもしれない。

とりあえず、この条件をクリアするために必要なことや対策をすべて羅列し、その必要なことや対策を、再度設計に落とし込むことにしました。

・メタルファスナーを276個から「ゼロ」にする。

・盤面パーツは3段から1段へ、そして、ズレないような設計し直す。
・盤面パーツの数と寸法と設計の見直し。
・土台は基本的にすべて共通設計したパーツへ変更。
・パーツ点数を極限まで減らすため、土台パーツの組み立てはワンタッチに。
・作業は「広げる」「並べる」「置く」「差す」のみで、できるようにする。
・後付けパーツはマジックテープの使用に。
・手順さえ覚えたら「迷わず、感覚的に組み立て作業ができる」こと（組み立て説明書不要）。

あげればあげるほど、目の前がどんどん白くなっていくようでした。真っ白になりそうですが、社員たちの声の力も、顔色も悪くはなっていません。「おづずもっこ」の精神で、条件がきびしくなればなるほど、なんとなく浮き足立って楽しくなっていくという不思議な熱気となっていきました。

とはいえ、実際に設計に落とし込むのは容易ではありません。完成させたと思っていた設計図が目の前にも頭の中にもあるからです。それらをとっぱらって「いちばんシンプル」を合言葉として切り替えました。

土台パーツの設計を考えているとき、基本形状は東日本大震災時に提供した「二つ折りパーティション」をふと思い出しました。体育館などで避難所に「個室スペース」的なものを少しでも作り出せるようにと、パーテーション（衝立）を立てたらどうかと提案しましたが、すでに避難している人がいて、大きな衝立を持って入ることはできなかったので、省スペースで移動できて組み立てが簡単、そして安定性もある、そんなものを作っていたのです。その形をベースに、土台を設計することにしました。

また、盤面のプリントも社員たちが細心の注意を払い、中村氏の要望もとことん入れ込み、プロの野球選手たちと一緒に、障がいを持つ人も女性も同じように盤面に入れ込んでいきました。

こうして、細部までこだわったデザインに仕上げたのです。もちろん、そこは今野梱包、遊び心もちらっと入ってます。気づく人は笑ってくれるでしょう。

プレイヤーが興奮できて、その姿を見ている人たちも楽しめるようにしたい。コンポー屋だけど、そこは絶対に譲れない。遊び心は大切な栄養分です。「全力で遊ぶ」が、当社の社是（だったかな？きょうからそうしよう）なのですから！

大幅な仕様変更から体験会まで、1か月間、他の仕事もしっかりやりながらの作業だから、きつい。とはいえ、作業効率が下がるから徹夜は絶対にだめ。休みは取る。とはいえ、この1か月は私も含め、おそらくスタッフや社員も寝ている以外の時間、頭の中にあったのはこの仕事のことばかりだったでしょう。「夢で見たのですが」なんて話をする社員もいたから、もしかしたら24時間この野球盤のことを考えていたかもしれません。

テレビゲームやスマホゲームなどの画面の中で本物と見まがうほどの臨場感があるゲームとは差別化して、野球盤はリアルの世界にあって触れられるのに、どことなくレトロ感のある「ザ・野球盤」を作り上げました。

私はあきらめなかった。当初設計から大幅にスリム化し、極限までムダを省いた仕様でできあがったのです。しかも、強度も安全性も問題ありません。二の次とされた盤面の段差や歪みもほとんど気にならないくらいに仕上げました。もちろん、コストもばっちり。

設置時間も30分以下が実現できただけじゃなくて、配送も移動も簡素にいきたい。コンパクトかつ軽量かつ、重厚な完成度。

うん。完璧な仕上がりが想像できてきました。そして、子どもたちの真剣なまなざし、三振して悔しがる顔、ヒットが打てて喜ぶ姿、そして歓声をあげる観客席。

うん、大丈夫。全部見えた。これは成功する！

2019年5月　難題をクリアし、夢の巨大野球盤、ついに完成する

東京・北の丸。令和になって新しい天皇陛下が執務をおこなう皇居のすぐ横にあるパレスサイドビル（毎日新聞東京本社）。いよいよ、本日発表です。

発表の日を迎えるにあたり、いろいろな想いが駆け巡りました。「想いをカタチに」の今野梱包のモノづくり基本コンセプトにのっとった「製品」が、またひとつ世に出ていくのです。発表の3日前、堀江車輌電装の中村さんに引き渡し、中村氏の運転するバンで私の手から東京に向かう姿を見て、本当に「ああ、娘を嫁にやるってこういう気持ちなのだろうか」なんて思いながら、バンが見えなくなるまで見送りました。そのとき、なんとなく目から汗が出てきたことは、みんなには内緒にしておこう。

新聞社主催の体験会当日。そして、障がいがある子どもたちと一般の参加者による体験試合が、プロのうぐいす嬢、そしてプロのアンパイヤのもと、進められていきます。「私は裏方、ここではわが子の晴れ姿を柱の陰から見守る気分」と言いながら、いつも苦労をかけている妻と、今年東京の会社に入った長男も呼びました。

そんなとき、堀江社長が話している声が聞こえてきたのです。

「え？　野球盤を作るとき？　もう最初から今野さんに頼もうと思っていましたよ。というか、今野さんがいるなら野球盤は作れると思っていました。全幅の信頼です。まだまだ、いろんなこと一緒にやってきたいと思っていますよ」

うれしい反応。ついにやけてしまう。会社に帰ってみんなに伝えよう。そして、またまた一緒に「世間を驚かせましょう」と、心の中で堀江社長にメッセージを送りました。

堀江車輌電装の堀江社長様はじめ中村さん、弊社スタッフ、関係するすべての方々、こんなにみんなに喜んでもらえて、そしてエキサイティングな仕事をさせてもらえて、に心から感謝です。

ありがとうございました。また、やりましょう！

COLUMN 4

ダンボルギーニが展示されている女川町、その町長もおだづもっこだった！

メーカーでもない梱包業といういわゆる「縁の下の力持ち」である今野梱包が、女川復興の街「シーパルピア女川」にショールームを出店したのはなぜなのか。

「ダンボルギーニが有名になったから」

ほとんどの人はそう答えるだろう。確かに、オープニングセレモニーでもダンボルギーニと今野氏は脚光を浴びていた。当時の毎日新聞地方版でも「シーパルピア女川　師走の町に活気　ダンボルギーニも展示」というタイトルで記事にしているくらいだし、訪れた人はダンボルギーニと今野氏の写真をどんどんSNSにアップしていた。しかし……。

実は今野梱包が須田善明女川町長から出店を打診されたときは、まだダンボルギーニは完成していなかった。さらに、町長自身はダンボルギーニがネットで話題になっていることも、ほとんど知らなかったのである。単純に「同じ高校」に通っていた町長が、「おもしろい感性と行動力」をもつ同級生の今野氏に出店を持ちかけただけというのが経緯だったのだ。おだづもっこ同士の「なんか話題作って」「了解」という言葉にならない掛け合いだったのである。

さらにこの須田町長、他の復興の街とはまったく違った判断をどこよりも早くしていた。それが、「海と共に生きる」という視点。6メートルや10メートルの防潮堤を作ることが国策として決められる前に「防潮堤はいらない」とさっさと決めてしまったのである。

町のほとんどが消滅した女川町だからできた決断かもしれない。まずは全体を6メートルかさ上げして、そこは商業地。住宅地はさらに一段高いところに移転する。また津波があったら、商業地を捨てて住宅地を残す。そういったやり方だったのだ。

その決断のおかげで、女川駅を降りて改札を抜けると、周面には青い海が目に飛び込んでくる。防潮堤があったらそうはいかないだろう。それを見るだけでも「来てよかった」とさえ思える景色が眼前に広がっているのだ。観光客はそれだけでも気持ちがアガる。

「海が見えるのは、この町で生まれ育った自分たちもほっとしますよ。それに海が見えれば津波が来ても、見ながら逃げられるでしょう」

シーパルピア女川のある店の店主はそう言って笑っていた。そんな街に、ダンボルギーニが展示されているのである。

おまけ

ある日の巨大野球盤とダンボルギーニ

2019年7月14日、埼玉県で巨大野球盤が組み立てられ、試合が開催された。また、同年6月26日、今野梱包株式会社倉庫前では「甲羅干し」したダンボルギーニが、静かに倉庫にしまわれていた。

ダンボルギーニ2号機は、今野梱包の倉庫の中に設置されている。出っ張りなどのパーツは外されていて、ドアミラー、ライトなどがはめられていき、ダンボルギーニになる。

倉庫にあった「時間があるときに作ってみた」（社員）という月。中ではうさぎが餅つきをしている。

ダンボルギーニ2号機はスポイラーが可動式となっていて、初号機よりも実物にさらに近づいた。

倉庫にしまうこと＝車庫入れは、パーツを外して大きな段ボールの上に。成人男性4人で持ち上げられる。

タイヤは後付。まるでF-1のピットにいるように、次々に素早くタイヤをはめ込んでいく。

鮮やかなピンクとそれを作った社員たちが、小型フォークリフトを使って、車庫に納車して終わり。

すべてのパーツはバンの中に収まってしまうように設計されている。しかもひとりで簡単に運び出せる。

ジグソーパズルのように、パーツが分かれていて、初めてでも何がどこにハマるのかわかるように。

盤面はこのようにつなげることで完成する。

土台のパーツは基本的に同じ形で説明がなくても簡単に組み立てられるような仕様に。

初めてでもどんどん設置できてしまう作りとなっていて、土台作りに15分もかからなかった。

盤面を載せる。作業に関しては真ん中を残さないようにはめていかないと、作業者の逃げ場がなくなるので 注意。

「ひとりで設置しても50分程度で完成させたいという要望通りになっています」（中村氏・堀江車輌電装）

野球盤の土台の高さは、車椅子に乗っていても盤面が見渡せて応援できるようにという配慮から決められた。

小学生低学年の野球チームが乱入。親・コーチチームと試合をすることに。

子供たちは集中して、ヒットを連発。そのたびに歓声が上がる。

おとなチーム最後の打者、「あと1人」コールが！

ホームランを含む6点を挙げ、おとなチームに勝利した。「楽しかった！」との声が。

宮城330
せ30-56

おわりに

むりめのご依頼、よろこんで！

「東日本大震災が私を変えたのか？」と言われたら「YES」でもあり「NO」でもあります。

YESの部分は、まずこの本を出すということが最大の話かもしれませんね。たとえば、ダンボルギーニを作る前に大人気アニメのキャラクターを作りました。あれも技術的には大変な作品です。スーパーカーのランボルギーニと日本国内での知名度やインパクトでは、アニメのほうが上といってもいいかもしれません。

それでも、ほんの狭い範囲で話題になっただけで、こうして「本を作る」といった話にはなりませんでした。

震災がなかったらダンボルギーニを作っていなかった可能性が高い。いや、私のことだから、なにやかやと理由をつけて作ったかもしれません。が、完成したところで、女川のショールームは震災があったからこそできた建物だから、常設のショールームはなかったことでしょう。そしてやっぱり、ここまで全国的な話題にはならなかったと思います。

毎年、期間限定で東京都内の場所を借りて、復興バーというイベントが開かれています。日替わりで被災地の企業や団体、お店などが出張して、お店をだすんですね。ダンボルギーニを発表してからは「ダンボルギーニ社長に会いに来た」と言ってくださる方が増えましたし、一緒に写真を撮ったり、サインを頼まれたりするようにもなりました。震災のなせる技です。震災があったからいまの私がある、いまの今野梱包があるのです。

一方、NOの部分は、震災後に動き始めてこれだけのことが実現できるほど、技術は甘くないということです。

震災後に注目されたダンボルギーニは前述したように、誰かに依頼されたわけでも、復興のシンボルという意識があったわけではありません。もちろん、震災後の元気のない地元への思いも強く乗せてありますが、それは私たちの勝手な思いであって、そこに絆だのなんだのというかんじはありません。

あれを震災後に作ることができたのは、震災前からの技術の研鑽があったからです。積み重ねとアイデアの具現化、それを繰り返してきたからこそ、あんな厳しい中で、ある意味遊び心だけしかない大きな大人のおもちゃ（変な意味でなく笑）を、大まじめに作れたんです。

私と今野梱包は、震災を機に変わりました、そして震災があったとしてもなにも変わっていないんです。基本は揺るがず、常に現状を捉えて、新しいことを目指しているのですね。

以前から私の持論であり、座右の銘としている言葉があります。

「探さないものは見つからない、求めなければ掴めない」

この精神を原理原則としています。そして、この精神がちょうどいいタイミングとして、震災にハマったのです。この精神はモノづくりだけに限らないから、今後の地域を創るとくに若い世代に感じ取っていただき、これを基本としながら更に「進取独創・自ら進運を開拓すべし」（出身の宮城県立石巻高校の校訓）の精神をプラスして、これからの人生を切りひらいていっていただきたいと願っています。

いまや若い世代の人口はどんどん実数が減っている。人口減は都会をも巻きこんでいます。日本中の地域で若者の人口流出、人口減が起こっているのです。なので、私はいま、全国の若い世代に少しでも私の経験が届けばいいかな、なんて大きなことを考えています。

さて、ダンボルギーニが注目され、今野梱包が知られるようになってくると、それまで関わった商品、製品、部材なども日の目を見るようになりました。そしてそこに使われている技術はとくに、業界の人から一目置かれるようになってきたのです。

私は、被災地にはいますが、ある意味「被災地」であることを最大限利用して、自分たちを売り込んだと思っています。それだけ技術力、商品開発力に自信があったからです。そう、それまでの積み重ねがあるからです。震災があって被災地となって、それまでは地方都市のうちのひとつでしかなかった町の名前が、ニュースで世界中に広がった。

被災地といえば「大変な苦労をしている」「被災者の人たちがボランティアなどの力を借りながら、協力しながら一所懸命やっている」などという「かわいそうで」「一生懸命」で「がんばっている」というイメージとなっていたでしょう。なんなら遊んでいる姿なんて見せてはいけないようなそんな感じでした。

そんな中で、私は大の大人が楽しい仕事をしたのです。注目されている町で、期待を裏切ることをする……、そのギャップでさらに注目されることは、確かに計算しました。ここまで大きくなるとは思いませんでしたが。

「どっこい、楽しく生きている！」です。世界を驚かしたい。地元愛は誰よりも強いんです。だから、ダンボルギーニをあのピンクにしたんですよ。そして、仕事は地元でする。ただ、地元以外をたくさん相手にお仕事をしていく。そうすれば、多くの人に地元を知ってもらえます。地元でまとまるだけが、地元愛じゃないんです！

震災後、おかげさまでいろいろな仕事が、日本中から舞い込むようになりました。地域活性だけを考えたら、市内の一番大きな企業の仕事を受けて、市内でお金を回すことかもしれません、私はそれでは本来の活性化にはならないどころか、今野梱包がだめになると考えたんです。

ダンボルギーニというひとつの形を世に送り出すと、それがきっかけになってさらに他の仕事が舞い込んでくる……。震災で名前が広がったことによって、ようやくうまく回るようになりました。こうして、私やスタッフ、社員たちが地元を越えて、国境も越えて仕事をすることで、地元に人とお金を還元することになる。そうなれば、震災の記憶が風化することもないですし、地域も活性化するでしょう。なにより、「あいつのいる石巻や女川には、あいつ以外にもおもしろいヤツがいるに違いない」って人材の宝庫だと思ってもらえるように、次代が育つのを待っているのです。

私、今野英樹と今野梱包は、これからもしっかりとコンポー屋としての仕事をしていきます。そして、楽しく苦しみながら、技術を研鑽し、そして社会に還元していきます。そのためにも、「こんなことはいくらなんでも実現不可能かな」というご依頼でも、私たちには何とかする熱意があります。できないときはごめんなさいですけど。

野球盤を作って、さて次は何をするのだろう、そう、実はもう動いているものがあります。そのひとつはやっぱりダンボールを使って、すばらしいものを作ること。そして、また他は……、ダンボールではないけど、梱包に使う材料で、梱包ではないものを作ります。っていうか作りました。お披露目は近々。こうご期待。

さて、今日もスタッフと一緒に、楽しいけど苦しい、そしてやっぱりワクワクして、最後にはうれしくなる仕事を進めていきますか。

2019年7月　　今野英樹

今野英樹

（こんの・ひでき）

今野梱包
株式会社
代表取締役社長

72年宮城県桃生町生まれ。地元の小中学校を卒業し、高校は宮城県立石巻高等学校へと進学。その後、仙台の自動車関連企業に就職。今野梱包創業者である祖父が倒れたことにより、4年後実家に戻り今野梱包に入社。当時はダンボールの知識がなかったため、常識にとらわれない作品作りへのチャレンジが可能となる。そのおかげか、2015年ダンボールでつくった「ダンボルギーニ」が全国で評判を呼び、その後、ユニークな作品を次々と送り出している。

走《はし》れ！ ダンボルギーニ!!
宮《みや》城《ぎ》県《けん》石《いしの》巻《まき》〝おもしろい復《ふっ》興《こう》〟をめざすおだづもっこ〈お調《ちょう》子《し》者《もの》〉たち

装　丁　寄藤文平（文平銀座）＋北谷彩夏
構　成　石丸かずみ
DTP　山口良二
撮　影　落合星文
撮影協力　女川温泉ゆぽっぽ
写真提供　今野梱包株式会社
漫　画　KonpoHATAAA☆（今野梱包所属）

2019年　9月11日　第1版第1刷発行

著者　今野英樹《こんのひでき》
発行人　宮下研一
発行所　株式会社方丈社
〒101-0051
東京都千代田区神田神保町1-32 星野ビル2階
tel.03-3518-2272 ／ fax.03-3518-2273
ホームページ http://hojosha.co.jp
印刷所　中央精版印刷株式会社

ISBN978-4-908925-52-8